U0270469

点心作为饮食文化的重要组成部分，

最能展示一个城市的**市井风情**。

VA BENE
VA BENE
VA BENE
VA BENE

四大金鋼

四大金刚是传说中把守天门的四位天神，老上海人把他们最爱的四种早点：大饼、油条、粢饭、豆浆幽默地称作『四大金刚』。

崇明糕

崇明糕，是崇明岛的特色糕点之一，距今有近千年的历史，在长三角流域声名远扬。

南翔小籠

在上海，最出名的馒头当推小笼馒头，最知名的小笼馒头当然是南翔小笼了。南翔小笼，是上海人家喻户晓并喜爱的点心，美誉中华，驰名天下。

高橋松餅

高桥松饼，是高桥古镇著名的特产，其历史可追溯到距今百余年的清光绪年间。新中国成立前，高桥松饼已名扬四方。新中国成立后列入《中国土特产辞典》，数十年来获得多种荣誉称号。被列为『上海市非物质文化遗产名录』。在《中国传统食品大全》一书中被誉为上海唯一土生土长的本帮特色食品。

青糰

青团子油绿如玉，糯韧绵软，清香扑鼻，吃起来甜而不腻，肥而不腴，流传百年，仍旧大受欢迎。

海棠糕

因糕形似海棠花而得名，据说创制于清代。海棠糕的外层是面粉胚，里面是豆沙馅，在特制的模具中烘烤而成。

上海石库门点心

上海市曹杨职业技术学校　主编
沈思明　陆亚明　主审

上海交通大学出版社
SHANGHAI JIAO TONG UNIVERSITY PRESS

内容提要

本书本着挖掘、传承和发展上海石库门点心的人文精神，选择上海有代表性的点心，经过深入挖掘史料，整理每个点心的历史典故和制作技艺，图文并茂，既可作为中国饮食与世界饮食文化交流的礼物，也可作为相关烹饪专业学生的教材使用。读者对象为饮食文化研究者、从业者及爱好美食的大众读者。

图书在版编目（CIP）数据

上海石库门点心 / 上海市曹杨职业技术学校主编 . 一 上海：上海交通大学出版社，2019
ISBN 978-7-313-20548-3

Ⅰ . ①上… Ⅱ . ①上… Ⅲ . ①糕点 – 制作 – 上海
Ⅳ . ① TS213.23

中国版本图书馆 CIP 数据核字（2018）第 261597 号

上海石库门点心

主　　编：上海市曹杨职业技术学校
出版发行：上海交通大学出版社　　地　　址：上海市番禺路 951 号
邮政编码：200030　　电　　话：021-64071208
出 版 人：谈　毅
印　　制：上海锦佳印刷有限公司　　经　　销：全国新华书店
开　　本：710mm × 1000mm 1/16　　印　　张：15.75
字　　数：185 千字
版　　次：2019 年 5 月第 1 版　　印　　次：2019 年 5 月第 1 次印刷
书　　号：ISBN 978-7-313-20548-3/TS
定　　价：59.00 元

版权所有　侵权必究
告读者：如发现本书有印装质量问题请与印刷厂质量科联系
联系电话：021-56401314

如果说饮食是每个生命的基本音符，那么不同国家、不同地域的餐饮特色组成了餐饮文化的华彩乐章，而演奏乐章是每个餐饮人的热情和坚持，这种热情是对历史传承的热爱，这种坚持是对人文关怀的升华。

上海市曹杨职业技术学校是一所有三十多年办学历史的国家级重点职校，中餐烹饪与营养膳食专业是学校的品牌专业，多年来，以独特的发展特色和较高的办学质量深受企业欢迎。学校与上海市餐饮烹饪行业协会合作，成立上海餐饮国际培训中心（西部）、大师工作室、营养膳食分析室、餐饮业“非遗”文化研究中心、轻餐饮研发中心、海派美食研发中心，充分利用学校与协会双方的优势，提高餐饮行业从业人员的职业素养和技能水平。专业有烹饪和点心两个专门方向：烹饪方向以本帮菜为核心、海派菜为拓展，点心方向以上海传统特色为核心、海派点心为拓展。学校通过学校与协会合作完善人才培养模式，通过大师引领建设一流师资、构建项目课程、创新学习形式，服务行业企业、服务国家“一带一路”战略，向一流水平的品牌专业迈进。

《上海石库门点心》一书凝聚了上海市曹杨职业技术学校和上海餐饮行业协会合作的心血，选择上海地域有代表性的五十种点心，挖掘、传承和发展上海石库门特色餐饮文化。本书内容包括中式点心的起源和特色；上海点心的发展历史；四大金刚及其制作工艺；糕团类点心及其制作工艺；饼类点心及其制作工艺；面类、馄饨类点心及其制作工艺；馒头类点心及其制作工艺；油煎炸类点心及其制作工艺；海派点心及其制作工艺。本书将出版中文、英文两个版本，以供国内外读者专业教学、职业培训、家庭制作参考和欣赏。

本书由上海市餐饮烹饪行业协会沈思明、吕九龙、彭军、应曼萍、段福根指导；上海绿波廊酒楼陆亚明、王时佳审核；上海市曹杨职业技术学校徐寅伟、张喆、胡云燕、潘志恒、王葳娜、吴江敏、徐晶、王珺萩撰写文稿，特聘专家吴哲伦采风上海市石库门文化、拍摄照片。在此一并深表感谢。

徐寅伟

2019年3月16日

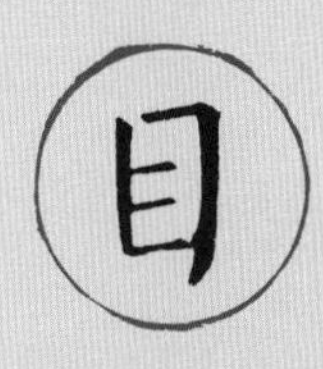
目

录

第一章 中式点心的起源和特色

一、起 源

中国有句古话：“民以食为天。”饮食是人类生存与发展的第一需要，也是社会生活的基本形式之一。不同的文化背景，就会形成不同的饮食观念和饮食习俗，最终形成不同的饮食文化。中国的饮食文化源远流长，经历了几千年的历史发展，内涵博大精深，已成为世界饮食文化宝库中极富特色的瑰宝。中式点心作为中华美食的一部分，不仅历史悠久、技艺精湛，而且品类丰富、特色各异，是我国饮食文化中的宝贵财富。

“点心”一词，百度的解释是：其一，正餐之前小食以充饥；其二，糕饼之类的食品。

薛理勇《点心札记》：“点心是正餐之外的食品，且用于充饥，所以既不同于正餐的米饭面条之类的食品，又不同于‘吃白相’的零食，通常指糕、饼之类的粮食做的食品。北方小麦，南方莳稻，于是北人以面食为主，而南人以米饭为主粮。对南方人来讲，米饭之外，其他用面粉制作的食品，以及米饭外的稻米加工食品都属于点心的范畴。”

总之，点心从广义上可以解释为用各种粮食、豆类、肉类、蔬菜、果品、鱼虾等为主要原料，并配以多种调料与辅料，经过精心制作而成的，具有一定营养价值的方便食品。这类食品除了传统饮食业供应的品种外，还包括了糕点食品厂生产的糕点，它既可作为正餐食品供给人们享用，又可作为小吃食品用来调剂口味。不仅作为食品提供人们物质上的满足，还可作为艺术品给人们以精神上的享受。

关于“点心”一词的由来，民间有这样的传说：东晋时期的一位将军见到战士们日夜血战沙场，英勇杀敌，屡建战功，甚为感动，随即传令烘制民间喜爱的美味糕饼，派人送往前线，慰劳将士，以表点心意。从那以后，人们便将各种美味糕饼统称为点心，并且沿用至今。在一些烹饪文献的记载中，可以考证“点心”一词在唐代已出现。宋人吴曾撰写的《能改斋漫录》中有如下的一段描述：“世俗例以早晨小食为点心，自唐时已有此语。按：唐郑傪为江淮留后[1]，家人备夫人晨馔，夫人顾其弟曰：‘治妆未毕，我未及餐，尔且可点心。’”清代顾张思的《土风录》卷六“点心”条下云：“小食曰点心，见《吴曾漫录》。”同书又引周辉《北辕录》云：“洗漱冠栉毕，点心已至。”后文说明点心为馒头、馄饨、包子等。由此可见，在唐朝确实已有“点心”一词了。

虽然各类糕点在唐代时被称为“点心”，但据考证，中国人早在商代就已经懂得以饴糖、面（米）粉和在一起，再经发酵蒸出各式各样的糕点。我国点心制作起源于商周时期，距今已有四千多年的历史。据说，发明糕点的是商朝的闻仲太师，他为了让士兵出征节省时间，于是设想出了携带方便的行军干粮，这就是今天吃的点心

1. 留后是唐代节度使、观察使缺位时设置的代理职位。

世俗例以早晨小食为点心，
自唐时已有此语。
按：唐郑傪为江淮留后，
家人备夫人晨馔，夫人顾其弟曰：
『治妆未毕，我未及餐，尔且可点心。』
——宋·吴曾《能改斋漫录》

小食曰点心，见《吴曾漫录》。
——清·顾张思《土风录》

的雏形。因此，在制作点心的行家心目中，闻仲是发明糕点的祖师爷。在旧时的北京，制作糕点的作坊就供有闻太师的神位。

中式点心的起源和发展大体上可分为四个阶段：秦汉时期，是点心的雏形萌芽期；唐宋时期，是点心的演变发展期；元明清时期，是点心的定型稳定期；民国至今，是点心工艺技术日新月异，形成现代化生产时期。

古籍《周礼·天官·笾人》记载：“羞笾之实，糗饵、粉粢。”郑玄注曰：“此二物皆粉，稻米、黍米所为也。合蒸曰饵，饼之曰餈。”这里说的糗就是指炒米粉或炒面，饵为糕饵或米饵的总称，粉粢是用米粉或米为原料制成的食品。当时这些食品虽然加工极其简单，但也已经能够显现点心的雏形了。汉代是我国点心的早期发展阶段，随着生产的发展，点心的品种迅速增加。东汉崔寔所著农书《四民月令》提到一种用麦子做成的干粮：“麦既入，多作糒，以供出入之粮。”麦子还可做成各种饼食，食用起来更为方便。战国之时发明了石磨并得到推广，到汉代已经普及，故可将小麦磨成面粉，将稻米磨成米粉，将面粉用水调和揉制蒸熟的食品叫做“饼”，

麦既入，多作精，以供出入之粮。

饼以粉及面为薄饵也。

释名

蒸饼，饼并也，溲面使合并也。胡饼，作之大漫沍也，亦言以胡麻著上者也。蒸饼、汤饼、蝎饼、髓饼、金饼、索饼之属，皆随形而名之也。

太平御览

灵帝好胡饼，京师皆食胡饼。

将米粉用水调和揉制蒸熟的食品叫做“饵”。据有关资料记载，汉宫御膳中的面食明显增多，典型的有汤饼、蒸饼和胡饼。汉代有一些记录“饼”的资料，如：许慎在《说文》中记载：“饼以粉及面为薄饵也”。《四民月令》中记述的农家面食有燕饼、煮饼、水溲饼、酒溲饼等。汉刘熙《释名》：“蒸饼，饼并也，溲面使合并也。胡饼，作之大漫沍也，亦言以胡麻著上者也。蒸饼、汤饼、蝎饼、髓饼、金饼、索饼之属，皆随形而名之也。”这段话的意思是：饼是合并的意思，就是把水和面粉合并在一起捏成面团。捏成的面团可以加工成许多不同的食品，一种叫“胡饼”的就是这种外形圆而大的食品，周围隆起似“漫沍”之状而得名，也有人认为，这种饼上撒有胡麻（即芝麻）而叫做“胡饼”；据《太平御览》记载：“灵帝好胡饼，京师皆食胡饼。”可见当时胡饼的盛行。不过，汉代制作胡饼的面团可能是不发酵的，发面的技术是在汉代以后才成熟的。其他如蒸饼、汤饼、蝎饼、髓饼、金饼、索饼都是根据它们的制作方法或形状而得名的。由此看来，在当时，用麦粉加工的食品都称为饼。蒸饼又被叫做炊饼，是用蒸汽蒸熟的饼，那定是馒头包子之类；汤饼一定是放在沸水中煮的，那就是今日的面条、馄饨、饺子之类；蝎饼又作截饼，那应该如今日北方的煎饼，做饼时将其叠起再切成块；髓饼则是在面粉中加入油酥的饼，如今日之油酥饼、蟹壳黄之类；金饼应该是较长时间烘烤、表面金黄、硬而松脆的香脆饼；而索饼就是形似绳索的面条了。

到了唐宋时代，点心逐渐发展为商品生产，制作技术也在逐步提高，中式点心发展进入全盛时期。具体表现在以下几个方面。

第一，点心制作技艺大幅度提高，面团、馅心、浇头、成型和熟制方法多样。面团方面，发酵面团的方法有酵汁发酵、酒酵发酵、酵面发酵、酵子发酵四种；水调面团有冷水和面、沸水烫面两种。

油酥面团日趋成熟，宋代诗人苏东坡有诗句“小饼如嚼月，中有酥和饴”，酥是油酥，饴就是糖。幸有诗人留下文辞，其味香甜美可想而知，也可推知当时在点心制作上已采用油酥分层和饴糖增色等工艺。馅心方面，配制出了肉馅、菜馅、杂馅以及豆沙馅、水晶馅、蜜脯馅与果仁馅。浇头方面，荤素并用，有浇在面上的，有用于面团中的，出现甘菊冷淘等珍品。成型方面，有擀、漏、压、剪、雕，注重模拟飞潜动植的图形。创造了用绿豆粉皮、鸡蛋煎饼包馅制兜子、金银卷煎饼等特殊技艺。熟制方面，蒸、煮、煎、炸、烙、炒、烩诸法并用。

第二，出现规模较大的面点作坊和面食店。唐代长安 108 坊，在闹市呈棋盘式布局，各坊经营有分工，其中有不少专卖各类点心，如长兴坊卖包子、胜业坊卖蒸糕，辅兴坊卖胡饼等。发展到宋代，据《东京梦华录》中记载，有专卖包子的、馒头的、肉饼的、胡饼的名铺大店不下 10 家。有的一家便有二十多个炉子，有的甚至有五十多个炉子。

第三，点心品种丰富多样。如：出现了花形馅料各异的二十四气馄饨，形状有阔片、细长片、方叶形、厚片等。宋代的《东京梦华录》、《梦粱录》等古籍中记载了包子有细馅大包子、水晶包子、笋肉包子、虾鱼包子、江鱼包子、蟹肉包子、鹅鸭包子、七宝包子等，还记载当时的糕有蜜糕、乳糕、重阳糕、豆糕等，饼有月饼、春饼、千层饼、芙蓉饼等。

第四，节日点心逐步发展，筵席点心和食疗点心受到重视。如：上元节即元宵节吃元宵的习俗在唐代就已经出现，当时民间流行一种元宵节吃的新奇食物，最早叫“浮元子”。农历九月初九的重阳节，作为民间节日最早可追溯到汉末三国时期，唐朝定重阳节为三大令节之一，每到此节，唐人都会登高、饮菊花酒、食“重阳糕”。自唐朝起，在重阳糕上要用竹签插重阳旗，这种小旗以五色纸为花纹，中嵌“令”字，取吉庆之意。筵席的点心也花样繁多，品类丰富。如《韦巨源食单》中记录的筵席点心有“单笼金乳酥”、“曼陀样夹饼”、“巨胜奴”（酥蜜寒具）、“贵妃红”（加味红酥）、“婆罗门轻高面”（笼蒸）、“生进二十四气馄饨”（花形、馅料各异）、“见风消”（油浴饼）、“水晶龙凤糕”、“汉宫棋”、“天花”、“素蒸音声部”、“生进鸭花汤饼”等。

随着医学与饮食的结合，食疗面点也出现了，在《食疗本草》、《食医心鉴》中均有记载，知名的有神仙粥、牛髓膏、五味子汤和生姜末馄饨等五十余种。

元明清时期，点心制作技艺达到了新的高峰。一方面，点心品种更加丰富多彩，北京宫廷御点、上海南翔花点、苏州市肆粉点、扬州富春茶点、无锡太湖船点、广州早茶细点、杭州灵隐斋点、山西民间礼馍、回民开斋节点、满族敬神供点、蒙古毡房奶点、藏胞标花酥点等著名的系列，百花齐放，五彩纷呈，风味流派基本形成；另一方面，节日点心品种基本定型，几乎二十四节，节节有食。比如，明朝时，民间春节吃年糕、吃饺子习俗已相当盛行。明崇祯年间刊刻的《帝京景物略》一文中记载当时的北京人每于“正月元旦，啖黍糕，曰年年糕”。不难看出，“年年糕”是北方的“黏黏糕”谐音而来。到清朝的时候，年糕已发展成市面上一种常年供应的小吃。民间多用大黄米或小黄米面与云豆制作，因其黏，故称“黏糕”；“黏”与“年”谐音，故又称“年糕”。清宫吃年糕更为讲究。据《满洲四礼集》记载，其做法是：先将豇豆铺在蒸笼内蒸熟，再将江米面用水拌匀、搓细，待笼内蒸气圆满，分数次将面撒入笼内，故又称“撒糕”。熟后切成薄片，用红糖拌吃，故又称“切糕”。清朝宫廷除夕、元旦时，皇帝晚膳也有吃年糕的习俗。据《膳食档》记载：

乾隆四十二年除夕，弘历晚膳有“年年糕一品”；乾隆四十九年元旦，弘历晚膳“用三阳开泰珐琅碗盛红糕一品、年年糕一品”。明朝万历年间沈榜的《宛署杂记》记载：“元旦拜年……作匾食。”明代刘若愚的《酌中志》载：“初一日元旦节……吃水果点心，即匾食也。”元明朝“匾食”的“匾”，如今已通作“扁”。“扁食”一名，明末称为“粉角”。《明宫史·火集》记载过年吃饺子的情况时说：“五更起，饮椒柏酒，吃水点心，即扁食也。或暗包银钱一二于内，得之者卜一岁之吉。”民间除夕吃饺子的习俗，为辞旧更新之意。清朝有关记录饺子的史料中，出现了诸如“饺儿”、“水点心”、“煮饽饽”等有关饺子的新名称。饺子名称的增多，说明其流传的地域在不断扩大。

帝京景物略

正月元旦，啖黍糕，曰年年糕。

酌中志

（初一日元旦节）吃水果点心，即匾食也。

明宫史

五更起，饮椒柏酒，吃水点心，即扁食也。或暗包银钱一二于内，得之者卜一岁之吉。

淞南樂府

月饼饱装桃肉馅，
雪糕甜砌蔗糖霜。

帝京景物略

月饼月果，戚属馈相报，
饼有径二尺者。

西湖遊覽志餘

八月十五日谓之中秋，
民间以月饼相遗，
取团圆之意。

中
秋

又如，中秋节吃月饼的习俗也从明代开始逐渐流行。在此之前的中秋食品，以应节的瓜果为主。心灵手巧的饼师，把嫦娥奔月的神话典故作为食品艺术图案印在月饼上，使月饼成为更受民众青睐的中秋佳节的必备食品。关于中秋赏月、吃月饼的描述，明代田汝成的《西湖游览志余》记载："八月十五日谓之中秋，民间以月饼相遗，取团圆之意。"而《帝京景物略》则说："月饼月果，戚属馈相报，饼有径二尺者。"另一笔记也提到："（中秋夜）乃造太饼一枚，众共食之，谓之八月求团圆。"从这些早期的记载可见到，月饼一开始是相互馈赠的社交礼物，而且分量颇大，必须众人分而食之，和现代月饼愈做愈小的趋势大相径庭。由明至清，这种大月饼还盛行了几百年。清代的时候，关于月饼的记载更多了，月饼品种不断增加。制作月饼不仅讲究味道，而且在饼面上设计了各种各样与月宫传说有关的图案，月饼的制作工艺有了较大提高。饼面上的图案，用面模压制在月饼之上。据《燕京岁月时·月饼》记载："至供月饼，到处皆有，大者尺余，上绘月亮蟾兔之形。有祭毕而食者，有留至除夕而食者。"清朝杨光辅的《淞南乐府》中写道："月饼饱装桃肉馅，雪糕甜砌蔗糖霜。"由此看来当时的月饼已和现在的月饼颇为相似。

随着中外饮食文化交流的增加，西方的西洋饼、面包、布丁等品种传入我国，我国的面点制作逐渐开始融入西式点心的工艺。随着时代的发展变迁，尤其在改革开放以后，中式点心也迎来了交流和高速发展的时期。点心制作由手工生产方式向半机械化、半自动化方向发展，出现了大量中西风味结合、南北风味结合、古今风味结合的制作精细的点心品种。中式点心日益精湛的制作技艺是历代厨师和点心师们不断实践、创新和发展而形成的，是我国饮食文化宝库中的瑰宝。

二、分类和特色

我国地广人多，风俗各异，因而自然地形成了各地独特的风味点心，通常分为“南味”和“北味”两大风格。中式点心按地方风味及制作工艺一般分成三大流派：京式点心、广式点心和苏式点心。

京式点心，泛指我国黄河以北的大部分地区（包括华北、东北等）所制作的点心，以北京地区为代表，故称京式点心。京式点心的代表品种主要有：抻面、一品烧饼、清油饼、都一处的烧麦、狗不理的包子、清宫仿膳肉末烧饼、千层糕、艾窝窝、豌豆黄等，都各具特色。京式点心的形成与北京悠久的历史和古老的京都文化密不可分。从很早的时候起，北京便成为汉、匈奴、契丹、女真和回族等民族杂居相处的地方。由于东北、华北地区盛产小麦，北京地区素有食用面食的习俗，各民族面点的制作方法、品种在此进行交流、融合。早在战国时代，北京就是燕国的都城，又曾是辽的陪都和金朝的中都，后为元、明、清三朝都城，是我国多个朝代政治、经济、文化的中心，聚集了全国各地的官宦商贾，文人荟萃、商业繁荣，以及各地进贡的特色食品。由于宫廷饮食和官场、商场的交际需要，饮食文化尤为发达，极大刺激了京城的烹饪技艺的提高和发展，面点也不例外，京式点心兼收并蓄了各民族的点心制作方法，得到了很大发展。如：抻面，据史家研究，它是胶东福山人民喜食的一种面食，明代由山东进贡入宫，受到皇帝的赏识，赐名“龙须面”，从此成为京式点心的名品。适应宫廷皇室的需要出现了以点心为主的筵席。传说清嘉庆年间时“光禄寺”曾经做了一桌点心筵席，仅面粉用量高达六十多千克，其用料、品种之多与规模之大前所未有。此外，宫廷点心外传，也直接促进了京式点心的发展与形成。综上所述，京式点心最早起源于华北、山东、东北等地区的农村和满、蒙、回等少数民族地区，在其形成的历史过程中，吸收了各民族、各地区的面点精华，又受到南方点心和宫廷点心的影响，是我国北方地区各族人民的智慧结晶，形成了具有浓厚的北方各民族风味特色的京式点心的风味流派。

广式点心泛指珠江流域及南部沿海地区所制作的点心，以广州地区为代表，故称广式点心。广式点心富有代表性的品种有叉烧包、虾饺、莲茸甘露酥、马蹄糕、蛾姐粉果、沙河粉、荷叶饭等。广东地处我国东南沿海，气候温和，雨量充沛，物产丰富，盛产大米，故当地的民间食品一般都是米制品，如伦敦糕、萝卜糕、糯米年糕、炒米饼等。早期点心以民间食品为主。广东具有悠久的文化，秦汉时，番禺（今广州）就成了南海郡治，经济繁荣，促进了饮食业和民间食品的发展。正是在这些本地民间小吃的基础上，经过历代的演变和发展，吸取精华而逐渐形成了今天的广式点心。娥姐粉果是广州著名的点心之一，它就是在民间传统小吃粉果的基础上，经过历代点心师的不断创新、不断完善而成。又如九江煎堆，驰名省、港、澳，为春节馈送亲友之佳品。它也是在民间小吃基础上发展起来的，至今已有几百年的历史。广州自北魏以来历经唐、宋、元、明至清，是珠江流域及南部沿海地区的政治、经济、文化中心。唐代，广州已成为我国著名的港口，外贸发达，商业繁盛，与海外各国经济文化交往密切。是我国与海外各国较早的通商口岸，经济贸易繁荣，饮食文化也相当发达，面点制作技艺比南方其他地区发展更快，特色突出。19 世纪中期，英国发动了侵华的鸦片战争，国门大开，欧美各国的传教士和商人纷至沓来，广州街头万商云集、市肆兴隆。这一时期从国外传入各式西点的制作技术，广州面点厨师吸取西点的制作技术，丰富了广式点心。广州著名的擘酥类点心，就是吸取西点技术而形成的，在我国南方地区影响较大，客观上促进了广州点心的发展。

苏式点心泛指长江下游江、浙一带地区所制作的点心，它起源于江苏，以扬州、苏州最具代表性，故称苏式点心。苏式点心的主要代表品种有扬州的三丁包子、翡翠烧麦，苏州的糕团、船点，淮安的文楼汤包，嘉兴的粽子等。扬州、苏州都是我国具有悠久历史的文化名城，市井繁荣，商贾云集，文人荟萃，游人如织。历史上商贾大臣、文人墨客、官僚政客纷至沓来，带动了两地经济的发展。“春风十里扬州路”，“十里长街市井连”，“夜市千灯照碧云”，“腰缠十万贯，骑鹤下扬州”，均是昔日扬州繁华的写照。而清代乾隆年间徐扬所绘的《姑苏繁华图》中，亦展现了苏州的奢华。悠久的文化，发达的经济，富饶的物产，为苏式点心的发展提供了有利的条件。苏式点心形成了本地的特色。据史料记载，在唐代苏州点心已经出名，白居易的诗中就屡屡提到苏州的粽子等，《食宪鸿秘》、《随园食单》中，也记有虎丘蓑衣饼、软香糕、三层玉带糕、青糕、青团等。此外扬州面点自古也是名品迭出，据记载最负盛名的是萧美人，她制作的面点“小巧可爱，洁白如雪”，“价比黄金”。又如定慧庵师姑制作的素面；运司名厨制作的糕，亦是远近闻名，有口皆碑。近现代名厨人才辈出，经过不断创新，不断发展，又涌现出翡翠烧卖、三丁包子、千层油糕等一大批名点，形成了苏式点心这一中式点心中的重要流派。

中式点心的特色，主要体现在以下几个方面。

其一，中式点心原料广泛，选料精细。

我国幅员辽阔，特产丰富。中华民族的饮食文化、食源结构奠定了中式点心制作原料的广泛性。选用的原料包括了五大类：植物性原料（粮食、蔬菜、果品等）；动物性原料（鸡、猪、牛、羊、鱼虾，蛋奶等）；微生物原料（酵母菌等）；矿物性原料（盐、碱、矾等）；合成原料（膨松剂、香料、色素等）。比如：京式点心的主料有麦、米、豆、黍、粟、蛋、奶、果、蔬、薯等类，加上配料、调料，用料可达上百种之多。

由于我国疆域辽阔，各地区的土壤及农艺条件不同，同一品种原料因产地、季节不同而差异很大。制作中式点心时选料十分精细，根据制品要求合理选用，达到扬长避短、物尽其用的效果。按原料产地选择，例如：制作蜂巢荔芋角宜选用质地松粉的广西荔蒲芋头；又如：苏式点心的制作对原料和辅料的选用都十分严格，辅料的产地、品种都有特定的要求，选用的玫瑰花必须是吴县的原瓣玫瑰，桂花要求用当地的金桂，松子要用肥嫩洁白的大粒松子仁等。按原料部位选择，例如：制作鲜肉馅心时宜选用猪的前胛肉，这样才能保证馅心吃水量较多。按原料品种选择、加工处理方法选择，比如：制作兰州拉面宜选用高筋面粉，制作汤圆宜选用质地细腻的水磨糯米粉。按品质及卫生要求，选择品质优良的原料，既可保证制品的质量又可做到卫生，防止一些传染病和食物中毒。如：米类应选用粒形均匀、整齐，具有新鲜米味、光泽等优质米产品，干果宜用肉厚、体干、质净有光泽的产品。只有将原料选择好了，才能制出高质量的点心。

其二，中式点心品种丰富，风味多样。

广泛的坯皮原料是形成中式点心风味多样的原因之一。在中式面点制作中，坯皮的原料极为广泛，主要有面粉类、米类、杂粮类等。面粉是由小麦经过碾磨加工而成的粉料，是制作面点的主要原料之一，可分为高筋粉、中筋粉和低筋粉三种。高筋粉是指面筋蛋白质含量较高的面粉，多用于各式面包的制作。中筋粉是面筋蛋白质含量介于高筋粉与低筋粉之间的一类面粉，它适合于制作水调面团类、膨松面团类等点心。低筋粉是指面筋蛋白质含量较低的面粉，它适合于制作各式蛋糕、混酥类等点心。米类也是制作面点皮坯常用的原料，主要有籼米、粳米和糯米。籼米涨发性好，但黏性差，适合制作各种发酵米类面点，也可煮粥。粳米适合制作各种粥、年糕等。糯米黏性强，但涨发性差，适合制作各种糕团类点心和汤圆等。制作面点皮坯的另外一种原料是杂粮，它主要包括谷类、薯类、豆类等。常用的谷类杂粮有玉米、高粱、小米、荞麦等。将它们磨成粉后加水和成面团，或与其他粉料混合调成面团用来制作点心。如荞面发糕、窝窝头、玉米煎饼等。薯类杂粮主要有马铃薯、甘薯、山药等。将薯类原料蒸熟去皮后压成泥状，再加入适量的其他粉料混合拌匀而成团来制作各式点心，如土豆饼等。豆类杂粮主要有大豆、赤豆、绿豆、豌豆等。用它们来制作点心一般有两种方法。一种是将豆煮至软烂后去皮研成泥状再制作成点心，如豌豆黄等。另一种是将豆磨成粉掺和其他粉料来制作点心，如赤豆糕、绿豆糕等。各种不同的坯皮原料，加之辅料的变化及不同的调制方法，再配以各种不同的比例，可形成疏、松、爽、滑、软、糯、酥、脆、韧等不同质感的坯皮，从而形成了点心丰富多样的风味。

丰富的馅心用料是形成中式点心品种风味多样的原因之二。中式点心的馅心用料广泛，选料讲究，无论荤馅、素馅、甜馅、咸馅、生陷、熟陷，所用主料、配料、调料都选择品质最佳的，形成了鲜嫩可口、咸甜皆宜等不同特点。制馅的用料主要包括植物原料、动物原料和调味辅助原料三类。植物原料有叶菜类、根茎类和花果类。叶菜类蔬菜生长期短，适应性强，一年四季都有供应。馅心制作中常用的叶菜类蔬菜有：青菜、白菜、菠菜、芹菜、韭菜、韭黄等。根茎类蔬菜富含糖类和蛋白质，含水量少，便于储存。馅心制作中常用的根茎类蔬菜有：红薯、马铃薯、芋头和萝卜等。花果类原料主要有：南瓜、黄瓜、玫瑰花、桂花、红枣、果仁、果脯等。动物原料分为家畜类、家禽类和水产类。在点心馅心的制作中，常用的家畜原料主要是猪肉、牛肉和羊肉三种。猪肉是使用最广泛的一种动物性原料，猪腿肉能用来制作各种咸味馅心，如锅贴、生煎、馄饨和水饺等。猪皮能用来制成皮冻拌在馅心中，使馅心汁多而鲜嫩，如小笼汤包。牛肉一般选用品质好、纤维短、筋膜少、鲜嫩无异味的黄牛肉。制成牛肉煎包、牛肉水饺等点心的馅心。在我国，羊的养殖业很发达，尤其是在内蒙、新疆、西藏等地区。绵羊肉质鲜嫩，腥膻味较淡，选用比较多一些。家禽肉富含人体所必需的多种营养物质，动物性蛋白、脂肪、维生素和矿物质的含量都很高。鸡肉肉质柔软细嫩，鲜香醇美，点心制作中常用母鸡的鸡脯肉来制作馅心。鸭肉的肉质比鸡肉稍差，带有腥味，但鸭肉脂肪含量多，口感比鸡肉更柔嫩肥美，常用鸭脯肉来制作馅心。我国水产品资源丰富，品种多，产量大，是点心馅心的重要原料，常用的有鱼类、虾类和蟹类。鱼肉营养丰富、味道鲜美且容易消化，是制作馅心的主要原料之一。肉厚、刺少、新鲜的鱼肉是最佳选择，常用的有鲮鱼、草鱼、鳝鱼等。虾肉肉质细嫩、滋味鲜美，可以制作各种咸味馅心，选用新鲜有弹性的鲜活原料，如青虾、白虾、基围虾等。蟹肉鲜美细嫩，蟹黄色泽鲜艳，味道醇香，是面点制馅的重要原料之一，常用的主要有海蟹、河蟹。调味及辅助原料也很丰富，有盐、糖、酱油、植物油、动物油、蛋品、乳品、膨松剂等，除可以用于馅心的调味外，有时也可以直接用于面团的调制以改变面团的作用。

中式点心的馅心不仅用料丰富，烹调方法也多种多样，有拌、炒、煮、蒸、焖和综合加热等，不同的烹调方法也形成了多样的风味。京式面点馅心注重鲜、香、甜，肉馅多用水打馅，并常用葱、姜、黄酱、芝麻油为调辅料，形成北方地区的独特风味。如天津的“狗不理”包子，就是加放骨头汤，后入葱花、香油搅拌均匀成馅，使其口味醇香、鲜嫩适口，肥而不腻。广式点心的馅心选料也十分广泛，馅心用料包括肉类、海鲜、水产、杂粮、蔬菜、水果、干果以及果实、果仁等。如叉烧馅心，为广式点心所独有，烹制的叉烧馅心独具风味。苏式月饼制作馅料的过程中，在各个品种之间配用的果辅料和用量的配比有各自的要求，各种制品选用不同的果仁、花料等辅料，其风味特色各有千秋。清水玫瑰月饼的馅中，选用了色泽鲜艳的清水玫瑰花、松子仁，因此具有真正的玫瑰花香和天然的松子仁清香，制品剖面鲜红的玫瑰花清晰可见，均匀地分布在馅料中。精制百果月饼馅料中，选用了松子、核桃、瓜子三仁和青梅干等，具有果仁的多种天然香气和滋味，以及青梅爽口的特点。白麻椒盐月饼的馅料中，选用了桂花麻屑、橙子、丁皮、精盐等，具有桂花、橙子味和芝麻香，甜中带咸的特点。猪油夹沙月饼的馅料中，选用了赤豆、糖渍板油丁（猪板油丁）、松子仁，具有赤豆香和松子仁的清香，以及肥润的特点。

不同的成熟方法是形成中式点心风味多样的原因之三。点心成熟就是将成形的生坯，运用各种加热方法，使其在一定温度的条件下，成为色、香、味、形俱佳的点心的过程，是点心制作的最后一道工序。中式点心常见的成熟方法有蒸、煮、炸、煎、烤、烙等单一的加热法，也可采用一些复合的加热法（两种以上方法熟制）。蒸制成熟的方法适应范围广泛，适合除油酥面团和矾、碱、盐面团外的各类面团制品的成熟，如包子、馒头、米团、糕类，运用该方法成熟的点心口感糍软。煮是将成形的点心生坯投入沸水锅中，利用水的传导和对流作用使制品成熟的方法。煮制适合水调面团、米及米面团制品的成熟。如面条、水饺、馄饨、汤圆等，运用该方法成熟的点心质地爽滑，能保持原料的原汁原味。煎是将成形的点心生坯放入平底锅（或煎锅）内，利用金属煎锅、油脂和水蒸气的传热使其成熟的方法。煎制可分为两种：油煎和水油煎。油煎是将平底锅置于火上烧热，加少许油脂，使其均匀布满锅底，再将制品生坯摆入锅内，加热煎制，先煎一面，煎到一定程度后，翻面再煎，煎至两面金黄，内外四周成熟即成。水油煎将平底锅置于火上烧热，加少许油脂，使其均匀布满锅底，再将制品生坯整齐地摆入锅内，稍煎一会，洒上适量清水，盖上锅盖焖煎，待锅内蒸气将尽时，再洒清水，盖上锅盖焖煎，反复多次使制品成熟。运用该方法成熟的点心上部柔软，底部金黄香脆，如生煎、锅贴等。炸制又叫油炸，就是将成形的点心生坯投入到一定温度的油中，以油脂为传热介质使制品达到成熟的一种方法。油炸适用范围很广，几乎所有的面团制品都可以采用油炸的方法成熟。主要用于油酥面团、化学膨松面团、米粉面团、薯类面团制品等，运用该方法成熟的点心色泽金黄，香脆爽口，如各式酥点、麻花、油条、炸糕等。烤又叫烘烤，是将成形的点心生坯放入烤盘内送入烤炉内，利用烤炉内的高温使制品成熟的方法。烤制适用范围广泛，品种繁多。主要适合于各种膨松面团和油酥类面团制品的成熟，如面包、蛋糕、酥点、曲奇饼干等。烙是将成形的点心生坯放入平底锅内，通过金属煎锅的传热使制品成熟的方法。适合水调面团、发酵面团、米粉面团制品等，运用该方法成熟的点心皮面香脆，内柔软，外形呈类似虎皮的黄褐色或金黄色。如家常饼、大饼等。

多变的成形技法是形成中式点心风味多样的原因之四。点心成形是点心制作中一项技术要求高、艺术性强的重要工序，通过各种技法，又可形成各种各样的形态。通过形态的变化，不仅丰富了点心的花色品种，而且还使得点心千姿百态，造型美观。如：包法可形成形似蝴蝶的馄饨、形似石榴的烧卖等；卷可形成秋叶形、蝴蝶形、菊花形等造型；捏法可形成鸳鸯饺、四喜饺、蝴蝶饺等；抻法可形成龙须面、空心面等。又如：苏州的船点就是通过多种成形技法，再加上色彩的配置，捏塑成南瓜、桃子、枇杷、西瓜、菱角、兔、猪、青蛙、天鹅、孔雀等等象形物，色彩鲜艳、形态逼真、栩栩如生。

其三、中式点心技法精湛，造型繁多。

中式点心的成型技法多样，手法多变。常用的成型技法大体上分为两种：手工成形和模具成形。手工成形技法有卷、包、捏、切、擀、按、摊、搓、抻、拨、削、叠、镶嵌、滚沾等；模具成形有印模成形、卡模成形、胎模成形、钳花成形等。

卷是一种简单而常用的方法，在具体操作上分为单卷式和双卷式两种。单卷式是将面团擀成薄片，抹上油脂、调味料或其他馅料，由外向内卷成圆筒状，适用于制作蛋卷、普通花卷等。双卷式是将面团擀成薄片，抹上油脂、调味料或其他馅料，由两头向中间卷成圆筒状，然后下剂制作成各种形态的卷。适用于制作鸳鸯卷、蝴蝶卷、四喜卷、如意卷等。

包、捏是点心制作中常用的基本技术，在点心成形中占有很重要的地位。包是将擀好、压好或按好的皮子包入馅心使其成形的一种方法；捏是以包为基础并配以其他动作来完成的一种综合性成型方法。包、捏不可分割，一般情况下这两种方法同时进行。如无褶包捏法、提褶包捏法和花式包捏法等。无褶包捏法是将面皮包入馅心，向上捏拢封口，收口处向下按成圆形或椭圆形。提褶包捏法是将面皮包入馅心，用食指和拇指捏成花褶，此法适合于制作各式包子。花式包捏法是将面皮包入馅心，用食指和拇指捏成各种花纹、花褶和一些象形点心等。该技法难度大，要领强，捏出来的点心造型别致、优雅，具有较高的艺术性，所以这类点心一般用于中、高档筵席。筵席中常见的木鱼饺、月牙饺、冠顶饺、鸳鸯饺、四喜饺、蝴蝶饺、金鱼饺及部分油酥制品、苏州船点等均是用花式包捏的手法来成型的。

切的方法多用于北方的面条（刀切面）和南方的糕点。北方的面条是先擀成大薄片，再叠起，然后切成条形。南方的糕点往往是先制熟，待出炉稍冷却后再切制成型。切可分为手工切和机械切两种。手工切可适于小批量生产，如小刀面、伊府面、过桥面等；机械切适于大批量生产，特点是劳动强度小、速度快。但是，制品的韧性和咬劲不如手工切。

擀是点心制品在成型前的基本技术工序，它主要是饼类的成形方法。将面团揉好后，下剂擀成圆形片状，抹油、撒盐，卷叠成形，再根据品种要求擀成各种形态的饼。

按是将制品生坯用手按扁压圆的一种成型方法。按又可分为两种：一种是用手掌根部按；另一种是用手指按（将食指、中指和无名指三指并拢）。这种成型方法多用于形体较小的包馅饼种，如馅饼、烧饼等，包好馅后，用手一按即成。按的方法比较简单，比擀的效率高，但要求制品外形平整而圆、大小合适、馅心分布均匀、不破皮、不露馅、手法轻巧等。

摊是用较稀的水调面在烧热的铁锅上平摊成型的一种方法。摊的要点是：将稀软的水调面用力打搅上劲。摊时的火候要适中，平锅要洁净，每摊完一张要刷一次油，摊的速度要快，要摊匀、摊圆，保证大小一致，不出现砂眼、破洞。

搓是一种可以直接成形的普通方法。将面团分成小块后，用手直接搓成各种形态的品种生坯，然后成熟。

抻是将揉好的面团抻拉成面条的一种方法。具体做法是：将面粉和成团后先进行溜条，待面团的筋力溜顺后，再反复抻拉成粗细均匀的面条。

拨主要指拨鱼面的制作方法。将面粉和成稀软面团，放入盆内，用筷子拨面，使之形成两头尖尖的面条。

削主要指刀削面的成形方法。具体做法是：将面粉揉成团后，面团放在左手上，右手拿刀削面，要一刀一刀地推削，削出的面条显三菱形。

叠是将坯皮重叠成一定的形状（弧形、扇形等），然后再经其他手法制成制品的一种间接成型法。酒席上常见的荷叶夹、桃夹、猪蹄卷、兰花酥、莲花酥等都是采用叠法成型的。叠的时候，为了增加风味往往要撒少许葱花、细盐或火腿末等；为了分层往往要刷上少许色拉油。

镶嵌是把辅助原料嵌入生坯或半成品上的一种方法，如米糕、枣饼、百果年糕、松子茶糕、果子面包、夹沙糕、三色拉糕、八宝饭等，都是采用此法成型的。用这种方法成型的品种，不再是原来的单调形态和色彩，而是更为鲜艳、美观，尤其是有些品种镶嵌上红、绿丝等，不仅色泽较雅丽，而且也能调和品种本色的单一化。镶嵌物可随意摆放，但更多的是拼摆成有图案的几何造型。

滚沾成型中最典型的是元宵，即以小块的馅料沾水，放入盛有糯米粉的簸箕中均匀摇晃，让沾水的馅心在干粉中来回滚沾，然后再沾水滚沾。反复多次，即成圆圆的元宵。采用滚沾法成型的面点品种还有藕粉圆子、炸麻团、冰花鸡蛋球、珍珠白花球等。

印模成形指直接利用模具成形的一种方法。就是将面皮包入馅心，封口向上入模具中按紧、按平，敲震出模即成生坯，如月饼。

卡模成形利用各式卡模在面皮上卡出各式形状的面坯。在操作时手拿卡模，在擀好的面皮上用力垂直按下后再提起，使卡模与面皮分离即成生坯，如饼干。

胎模成形利用模具使成品成熟定型。将模具抹上油脂或垫纸，倒入糕料，经加热成熟脱模即成。

钳花成形是指运用各种花钳类的小工具整塑成品或半成品的方法，依靠花钳类工具形状的变化，形成多种多样形态的花色品种，如水晶包。

中式点心长期以来是手工制作为主，经过了漫长的发展历程，特别是点心厨师的继承和不断创造，运用日益精湛的技法，展现了各种绝活。比如“一窝丝清油饼”先抻面抻得细如线，然后再盘做成“一窝丝清油饼”；茯苓饼摊得薄如纸；煎饼擀的薄如蝉翼，充分反映了京式点心制作的独特技法。在苏式点心制作中，形态总体可用“小巧玲珑”四个字概括。如特有的面点品种——“船点”。相传发源于苏州、无锡水乡的游船画舫上。其坯皮可分为米粉点心和面粉点心，成型制作精巧，常制成飞禽、动物、花卉、水果、蔬菜等，形态逼真。面点形态也是以精细为美，如：小烧卖、小春卷、小酥点。扬州的面点制作的精致之处也表现为面条重视制汤、制浇头，馒头注重发酵，烧饼讲究用酥，包子重视馅心，糕点追求松软等，其中馅心掺冻“灌汤”是苏式面点制馅的重要特有技法。广式面点外皮制作技法独到，一般讲究皮质软、爽、薄，如粉果的外皮，明末清初屈大均在《广东新语》中写道：“以白米浸至半月，入白粳饭其中，乃春为粉，以猪脂润之，鲜明而薄。”馄饨的制皮也非常讲究，有以全蛋液和面制成的，极富弹性。包馅品种要求皮薄馅大，故皮质制作和包馅技术要求很高，强调皮薄而不露馅，馅大以突出馅心的风味。

廣東新語

以白米浸至半月，入白粳饭其中，乃春为粉，以猪脂润之，鲜明而薄。

中式点心的造型种类繁多，不同的品种具有不同的造型，即使同一品种，不同地区、不同风味流派也会千变万化。不同的造型既丰富了点心的品种，又体现了中式点心形态逼真的艺术特点。点心造型方式概括起来主要有几何形态、象形形态、自然形态等。

几何形态是造型艺术的基础，在面点造型中被大量采用。它是模仿生活中的各种几何形状制作而成。几何形态又可分为单体几何形和组合式几何形。单体几何形如汤圆、藕粉团子的圆形，粽子的三角形、梯形，方糕的方形，锅饼的长方形，千层油糕的菱形等。立体裱花蛋糕则是由几块大小不一的几何体组合而成，再加上与各种裱花造型的组合，形成美观的立体造型，总体上看这种蛋糕即属于组合式几何形。

象形形态可分为仿植物形和仿动物形。仿植物形是点心制作中常见的造型，尤其是一些花式点心，讲究形态，往往是模仿自然界中的植物，如花卉，像船点中的月季花、牡丹花；油酥制品中的荷花酥、百合酥、海棠酥；水调制品中的兰花饺、梅花饺等。也有模仿水果的，像酵面中的石榴包、寿桃包、葫芦包等，而船点中就更多了：柿子、雪梨、葡萄、橘子、苹果等；模仿蔬菜的有：青椒、萝卜、蚕豆、花生等。仿动物形也是较为广泛的一种造型，如酵面中的刺猬包、金鱼包、蝙蝠夹、蝴蝶夹等；水调面点中的蜻蜓饺、燕子饺、知了饺、鸽饺等；船点中就更多了，金鱼、玉兔、雏鸡、青鸟、玉鹅、白猪……

自然形态采用较为简易的造型手法使点心通过成熟而形成的不十分规则的形态，如开花馒头，经过蒸制自然“开花”。其他如开口笑、宫廷桃酥、蜂巢蛋黄角、芙蓉珍珠饼等也是成熟过程中自然成形的。

其四，中式点心药食同源，注重养生。

中式点心除了以色、香、味、形著称以外，还有一个显著的特

藥食同源

安身之本，必资于食，
救疾之速，必凭于药。
不知食宜者，
不足以存生也。
——唐·孙思邈

点是注重食补，注重养生保健的功能。该特点最具有民族特色，也是与西式点心主要区别之一。这一特点与现代科学倡导的“合理膳食”可谓异曲同工。我国古代劳动人民在长期生产、生活以及同疾病作斗争中，清楚地认识到，正确的饮食在养生、防病方面都发挥着极其重要的作用。唐代著名医学家孙思邈在其所著的《备急千金要方》“食治篇”中指出：“安身之本，必资于食，救疾之速，必凭于药。不知食宜者，不足以存生也。”精辟地指出了：人的身体健康根本源于饮食，不懂得合理饮食的人，是不可能健康长寿的。因此，掌握正确的饮食养生，对于防治疾病，健康长寿是非常必要的。中式点心正是以注重食补、饮食养生，达到防病、强身、健体、益寿的效果。在我国很早就流传有“药食同源”之说。药食皆来源于天然之物，均具有天然固有的形、色、性、气、味、质等特性，因而二者在性能上有相通之处。食物也具有类似药物的四气五味、升降浮沉、归经、功效等属性。

相传东汉末年，“医圣”张仲景曾任长沙太守，后辞官回乡。正好赶上冬至这一天，他看见南阳的老百姓饥寒交迫，两只耳朵冻伤，当时伤寒流行，病死的人很多，便在当地搭了一个棚，支起一口大锅。张仲景总结了汉代三百多年的临床实践，制成“祛寒娇耳汤”。其做法是用羊肉、辣椒和一些祛寒药材在锅里煮熬，煮好后再把这些东西捞出来切碎，用面皮包成耳朵状的“娇耳”，下锅煮熟后分发给乞药的病人。每人两只娇耳，一碗汤。人们吃下祛寒汤后浑身发热，血液通畅，两耳变暖。从冬至吃到除夕，吃了一段时间，抵御了伤寒，治好了病人的烂耳朵。从此乡里人与后人就模仿制作，称之为“饺耳”或“饺子”，也有一些地方称“扁食”。后人在冬至和年初一吃饺子，以纪念张仲景治愈病人。

清宫御膳“八珍糕”，是颇有名气的食疗方。自乾隆四十年以来，历代皇帝、皇后、嫔妃、皇亲国戚、王公大臣等等，无不竞相服食。那么，这究竟是一种什么样的糕点呢？这种糕点由八种食材组成，分别是人参、茯苓、山药、扁豆、薏米、芡实、莲子、粳米面，共研为细末，加白糖和匀，摊在蒸笼里蒸熟，切成方块，即可食用。吃着细软味厚、香甜可口。这八种食材均药食兼可，配搭完美，共同发挥补脾养胃、固肾益精、宁心安神、强身健体的作用。八珍糕还能增强机体的免疫功能，预防疾病，抗衰防老。中国中医研究院西苑医院临床实验证实，八珍糕对消化系统疾病的康复作用十分显著，能增进食欲，改善睡眠，促进食物的消化吸收。

苏式糕点选用的辅料都含有较高的营养价值。例如：松子枣泥麻饼，三色大麻饼，有润五脏、益肺补气、缓和滋养、补虚冷、健脾胃、止咳等作用。四色片糕中，松花片可养血祛风，益气平肝（松花粉有降血压、软化血管，防治心脏血管病、中风，促进小儿成长，恢复老人活力和消除精神疲劳等功效）。杏仁片可滋养缓和，止咳；玫瑰片可利气、行血、治风痹，散瘀止痛；苔菜片有清热解毒，软坚散结（有降低胆固醇作用）等作用。芝麻酥糖，能起润肠和血、补肝肾、乌须发、补虚冷、健脾胃、润肺止咳等作用。

其五，中式点心应时迭出，季节性强。

我国的点心还有一个特色是注重季节性，比如苏式点心形成了春饼、夏糕、秋酥、冬糖的产销规律，大部分节令食品都有上市、落令的严格规定。酒酿饼正月初五上市，三月二十日落令。薄荷糕三月上市，六月底落令等。目前，虽然不再有历史上那样的上市、落令时间的严格要求，但基本上做到时令制品按季节上市。如扬州点心春季供应“应时春饼”，夏季供应清凉的“茯苓糕”、“冷淘”，秋季供应“蟹肉面”、“蟹黄包子”等。《吴中食谱》中记载“汤包与京酵为冬令食品，春日烫面饺，夏日为烧卖，秋日有蟹粉馒头”；

吴中食谱

汤包与京酵为冬令食品，春日烫面饺，夏日为烧卖，秋日有蟹粉馒头

浙江等地的点心制品中，春天有春卷，清明有艾饺；夏天有西湖藕粥、冰糖莲子羹、八宝绿豆汤；秋天有蟹肉包子、桂花藕粉、重阳糕；冬天有酥羊面等。广式点心也常依四季更替、时令果蔬应市而变化，浓淡相宜，花色突出。要求是：春季浓淡相宜，夏秋宜清淡，冬季宜浓郁。春季常有礼云子粉果、银芽煎薄饼、玫瑰云霄果等；夏季有生磨马蹄糕、陈皮鸭水饺、西瓜汁凉糕等：秋季有蟹黄灌汤饺、荔浦秋芽角等；冬季有腊肠糯米鸡、八宝甜糯饭等。点心品种四季分明、应时迭出。

苏式、广式、京式三大主要风味流派的中式点心，依靠其鲜明的地方性、地域特色，在全国有很大影响力。除此之外，常言道“一方山水，养一方人”，我国的回族、朝鲜族、藏族、土家族、苗族、壮族等民族也都有独特的风味点心，也是中式点心的重要组成部分，融合在各主要地域流派中，同样也展示了其独特的魅力，为我国点心制作技艺增光添彩。

中国传统文化源远流长，饮食文化因其满足人类的基本生理需求而永远不会湮灭，人们对美食的向往会随着物质文明的进步而逐渐上升到对精神层面的追求。中式点心作为中华民族传统美食，必将代代传承，发扬光大。

第二章 上海点心的发展历史

一、传统点心历史与文化

饮食能体现一个时代的经济状况、一方天地的物产资源，也能反映在不同时代的人们所处的文化环境和世俗生态。上海处于中国南北交往的重要之地，因此在饮食文化上南北互补，精华荟萃。同时，上海也受到西方文化的冲击和影响，在这特定的历史条件下，在中西文化的接触与碰撞中，形成了独具海派特色的上海饮食文化。点心作为饮食文化的重要组成部分，最能展示一个城市的市井风情。上海的市井饮食历史悠久，特色点心不胜枚举，它们以其广博的风味、琳琅的品种、精美的造型、绝佳的口感赢得了中外食客的青睐。

上海的历史一般都是从1843年开埠开始写起的，这是上海历史上的一个重大分水岭。我们在研究上海点心的发展源流之前，有必要先简单了解一下上海开埠前后的历史背景。

现代考古发掘表明，上海地区历史悠久，境内至少有二十多处原始社会遗址，属马家浜、崧泽文化类型的青浦崧泽遗址，距今已有六千年历史。据《上海通志》记载，今上海地区在春秋战国时期

嘉定

吴淞江以北于南宋嘉定十年十二月初九（1218年1月7日）设嘉定县，后又析出宝山县。

崇明

长江口的沙洲于五代初（907年左右）置崇明镇，元至元十四年升为崇明州，明洪武二年（1369年）改为崇明县。

華亭

唐天宝十载（751年），析嘉兴东境、海盐北境、昆山南境之地置华亭县。

松江

元至元十四年（1277年）华亭县升为华亭府，翌年改为松江府。至清代，松江府辖有华亭、娄、上海、青浦、金山、奉贤、南汇等七县和川沙厅。

上海

南宋景定末年至咸淳初建上海镇，镇因黄浦江西的上海浦得名。元至元二十九年正式分设上海县，1927年设为上海特别市，1930年改称上海市。

属吴越之地。秦始皇统一后，确立郡县制，上海地区出现县级行政建置。唐天宝十载（751 年），析嘉兴东境、海盐北境、昆山南境之地置华亭县。元至元十四年（1277 年）华亭县升为华亭府，翌年改为松江府。至清代，松江府辖有华亭、娄、上海、青浦、金山、奉贤、南汇等七县和川沙厅。吴淞江以北于南宋嘉定十年十二月初九（1218 年 1 月 7 日）设嘉定县，后又析出宝山县。长江口的沙洲于五代初（907 年左右）置崇明镇，元至元十四年升为崇明州，明洪武二年（1369 年）改为崇明县。南宋景定末年至咸淳初建上海镇，镇因黄浦江西的上海浦得名。元至元二十八年，经元朝廷批准，至元二十九年正式分设上海县，辖华亭县东北、黄浦江东西两岸的高昌、长人、北亭、海隅、新江等五乡，为松江府属县。1927 年设为上海特别市，1930 年改称上海市。

浦东地区一些村镇的历史也很悠久。周浦镇最初隶属于昆山县；唐天宝十载（751 年），隶属于华亭县，元至元二十九年（1292 年），隶属于上海县。新场镇成陆于唐中期，距今 1300 年，由于当时新场属于沿海地区，海防任务较重，唐朝专门派兵驻守。明代是新场镇最为繁荣的时期。当时，这里不仅极为兴旺发达，税赋已列居两浙诸盐场之首，而且由于全国各地盐商云集于此，也给这里的商业带来了空前的繁荣。当时的新场镇上“歌楼酒肆、商贾辐辏”、“市集繁盛”、“大小商店通镇约三百”，同时，“人文蔚起”，此时的新场镇已居南汇地区各集镇之首。开埠前的上海，与周边地区同样级别的县级城市相比，并不算出众。虽然上海是一个通江靠海的好地方，不过从元、明时期开始，中国就开始实行禁海政策了。明朝时期的中日关系曲折发展，倭寇的不断侵扰成为明朝政府实行“海禁”政策的重要原因之一。进入清朝后，由于郑成功等雄踞海上，进行反清复明斗争，而当时的清政府又无力海上制胜，于是承继明朝法令，进一步申严海禁，以封锁沿海水陆交通联系来遏制郑成功等的反清力量，限制民众出海迁移成为清朝初期国家总政策的重要部分。康熙收复台湾后，海禁虽然重开了，但也只是为了“穷民易于资生”，康熙最担心的，一是汉人造反，二是洋人乱华，所以民间使用的渔船商船，都有严格的限制。因此开埠前的上海，地利优势并没有得到充分的发挥，上海只是江南一带一个普通的县城。

上海简略历史沿革

751 年　唐天宝十载，析嘉兴东境、海盐北境、昆山南境之地置华亭县。
907 年左右　长江口的沙洲于五代初置崇明镇。
1218 年　吴淞江以北于南宋嘉定十年设嘉定县，后又析出宝山县。
南宋景定末年至咸淳初年　建上海镇。
1277 年　元至元十四年，华亭县升为华亭府，翌年改为松江府。
崇明镇升为崇明州。
1292 年　至元二十九年分设上海县，为松江府属县。
1369 年　明洪武二年，崇明州改为崇明县。
1927 年　设上海特别市。
1930 年　改称上海市。

《史记·郦生陆贾列传》：“王者以民人为天，而民人以食为天。”这是“民以食为天”最早的出处。人要生存，就要吃饭。上海地理位置独特、气候四季分明，繁衍于这块土地的先民们在创造日渐丰裕的物质生活的过程中，渐渐孕育了富有个性的饮食文化。据《嘉定县续志》、《松江府志》、《上海县志》等史书记载，开埠前的

上海，就已有“春玺”、“糖团”、“花糕”、“纱帽”（即烧卖）等各种点心。经过研究，我们也发现上海本土风味的点心大都来自川沙、高桥、松江、嘉定等郊区，带有鲜明的农耕社会的生活印记。开埠之前，上海的点心是传统型的，传统的点心与一些节俗或民俗相对应，或为求福，或为驱病，或为祭神，或为尝新，构成了传统的饮食文化。

元宵节，也叫上元节，家家户户吃汤团。上海本地人包制的荠菜鲜肉汤团，个儿大，外皮糯、味鲜美。旧时上海有接灶神习俗，要吃用荠菜包的汤圆。秦荣光《上海县竹枝词》：“肉馅馄饨菜馅圆，灶神元夕接从天。城厢灯市尤繁盛，点塔烧香费几千。”此词说的是上海接灶神风俗，是夜接灶神，点塔灯，各庙烧香，灯市烟火亦盛。

清明节，上海人喜吃青团。在江南一带，自古就有在清明时用青团祭祀祖先的习俗，青团祭祖之后，仍为人们所食用，因此青团就成为清明的重要食物。现在，青团有的是采用青艾为原料，有的是用一种名叫“浆麦草”的植物捣烂后挤压出汁，然后取用这种汁同晾干后的水磨纯糯米粉拌匀揉和，制作团子。团子的馅心通常是细腻的糖豆沙。在包制时，另放入一小块糖猪油。团子包好后，将它们入笼蒸熟，出笼时用毛刷将熟菜油均匀地刷在团子的表面，即成。青团子油绿如玉，糯韧绵软，清香扑鼻，吃起来甜而不腻，肥而不腴，流传百余年，仍旧大受欢迎。人们用它扫墓祭祖，但更多的是应令尝新，青团作为祭祀的功能日益淡化。吃青团时也有讲究，如果吃的方法不当，还可能影响健康。吃青团时要务必先加热后食用，因为青团中的糯米冷却后不利于消化；尽量不要与油腻的食物一起吃，否则会加重肠胃负担，容易引起消化不良。吃青团后最好食用一些易消化的食物，如山楂等。

端午节，吃粽子。端午节是古老的传统节日，始于春秋战国时期，至今已有两千多年的历史。端午节与纪念屈原联系一起后，便有了包粽子是祭吊屈原之说，晋人刘义庆的《世说新语》：“周时，楚屈原以忠被谗，见疏于怀王，遂投汨罗以死。后人吊之，因以五色丝角条（粽子）于节日投江以祭之。”荆楚之人，煮糯米饭或蒸粽糕投人江中，以祭祀屈原，为恐鱼吃掉，故用竹筒盛装糯米饭掷下，以后渐用粽叶包米代替竹筒。一般是前一天把粽子包好，夜间煮熟，早晨食用。包粽子主要是用河塘边盛产的嫩芦苇叶，也有用竹叶的，统称粽叶。粽子的传统形式为三角形，一般根据内馅命名，包糯米的叫米粽，米中掺小豆的叫小豆粽，掺红枣的叫枣粽。枣粽谐音为“早中”，所以吃枣粽的最多，意在读书的孩子吃了可以早中状元。过去读书人参加科举考试的当天，早晨都要吃枣粽，至今中学、大学入学考试日的早晨，家长也会做枣粽给考生吃。直至今日，每年五月初，家家都要浸糯米、洗粽叶、包粽子，花色品种更为繁多。从馅料看，北方多包小枣的枣粽，南方则有豆沙、鲜肉、火腿、蛋黄等多种馅料。吃粽子的风俗，千百年来，不仅在中国盛行不衰，而且流行到朝鲜、日本及东南亚诸国。上海人在端午节吃粽子习俗的历史也十分悠久，清乾隆《上海县志》载：“五日午时，缚艾人，采药物，食角黍，浮菖蒲，（饮）雄黄酒。”上海的粽子形状多为三角形，馅料甜少咸多，其中鲜肉粽最受欢迎。选用上等白糯米，精选猪后腿肉，常在瘦肉内夹一块肥肉，粽子煮熟后，肥肉的油渗入米内，入口鲜美，芬芳和润，酥烂鲜嫩，肥糯不腻。

六月六吃馄饨防止疰夏，是上海农村一种传统习俗。清乾隆《上

上海縣志

六日，啖馄饨，云解注（疰）夏疾。

海县志》载：“六日，啖馄饨，云解注（疰）夏疾。”

七月七吃巧果，以纪念神话中的牛郎和织女。巧果是一种油炸果实，古代列为茶点。制作方法很简单，将初发酵的面团打成薄片，切成5厘米长、2厘米宽的长方片，沿长的一边中央横切一刀，顺手将面片作180度扭转，使之形成一个“结”，放人沸油中炸至金黄，捞出即成。一直到20世纪六七十年代，上海大多数南货店的糕饼柜长期供应巧果，一些糕饼店也现做现卖。清乾隆时期上海人李行南《申江竹枝词》：“人家油馓巧争夸（俗名巧果），乞巧纷陈果与瓜。金凤染成红指甲，玉尖片片弄桃花。”秦锡田《周浦塘棹歌》：“麦干面细菜油香，油面调匀更入糖。薄薄铺平盘巧果，新翻花样费平章。”一到七夕，上海的商家开始制作、供应巧果，而随着上海近代商业的发展，商家又将巧果开发为随时、长期供应的小点心。薛理勇在《点心札记》中回忆：“我童年和青少年时，上海许多南货店的糕饼柜长期供应巧果，我家附近的大饼摊也会利用午后空闲时间制作巧果。我记忆中，每斤巧果售价为7角6分。大概到了上世纪80年代初，上海就很少见到巧果了。”这种巧果，上海的川沙地区叫“粮考”，川沙人在这一天还有做茄饼的习俗。

七月十五中元节，是佛道两教共有的祭祀祖先和亡灵的传统节日。旧时的上海，在这天人们争相给孤寡老人送钱送食物，或接他们到自己家来吃一顿好饭，表示敬意，积善行德。在民间，有捏面人的风俗，面人用糯米粉加赤豆粉、芝麻、山丹花、玫瑰片等做成，可以玩，也可以吃，孩子最喜欢。今天城隍庙里还有捏面人的摊头，总是围着一拨孩子，看艺人灵巧的手如何于一瞬间变出一个个孩子们喜爱的造型，这可是从梁武帝那时就有的习俗呢。

中秋节，吃月饼。月饼，又称胡饼、宫饼、小饼、团圆饼等，在我国有着悠久的历史。在古代，月饼是中秋祭拜月神的供品，沿传下来便形成了中秋吃月饼的习俗。据史料记载，早在殷、周时期，江浙一带就有一种纪念太师闻仲的边薄心厚的“太师饼”，此乃我国月饼的“始祖”。汉代张骞出使西城时，引进芝麻、胡桃为月饼的制作增添了辅料，这时便出现以胡桃仁为馅心的圆形饼，称为胡饼。在我国还流传着一种习俗，每月的初一和十五以及一些特定的节日为祖先牌位点一炷香，烧上一些冥钱，供上一些食品，凡是农作物采摘上市时，先供祖先，再为口福，旧时讲作“祭先”或“荐先”。八月十五的中秋节也是重要的祭祖先的日子。在上海，此时毛豆和芋艿刚上市，就得“荐先”，久而久之，除了吃月饼，中秋吃毛豆和芋艿也成了上海的节令风俗，还赋予新的风俗意义。沪方言中，婴儿被叫做“小毛头”，而芋艿的生长是中间为一只大芋艿，上海人做“芋艿头”，四周生长着许多芋艿仔，象征着许多孩子陪伴着母亲。所以，中秋吃月饼、毛豆和芋艿既祈祷阖家团圆，又是一种祈子风俗。

九月九吃重阳糕。方方正正的豆沙馅米糕插上三角形的小彩旗，以此寄托对漂泊在外的同胞和亲友的思念之情。何谓重阳？九月九日是两个阳数相逢，“重”是重叠之义，“重阳”不就是两个“九”的重叠吗？在《周易》理论中，“九”是自然数中最大的一个数字，被称为“阳之极数”，九月九日就是两个“极阳”相逢，其相克也特别厉害，据说登高和在手臂上系茱萸可以避灾解厄。在唐代，就已有重阳登高、插茱萸的习俗，杜甫和王维都留下诗句：“明年此会知谁处，醉把茱萸仔细看”，“遥知兄弟登高处，遍插茱萸少一人”。到了宋代，又增加了吃糕的习俗，在重阳糕上插上一面小彩旗，象征着登高和插茱萸。

元宵节，也叫上元节，
家家户户吃汤团。
上海本地人包制的荠菜鲜肉汤团，
个儿大，外皮糯、味鲜美。
旧时上海有接灶神习俗，
要吃用荠菜包的汤圆。

上海縣竹枝詞

肉馅馄饨菜馅圆，
灶神元夕接从天。
城厢灯市尤繁盛，
点塔烧香费几千。

元宵

清明节，
上海人喜吃青团。
在江南一带，
自古就有在清明时
用青团祭祀祖先的习俗，
青团祭祖之后，
仍为人们所食用，
因此青团就成为
清明的重要食物。

青团子油绿如玉，
糯韧绵软，清香扑鼻，
吃起来甜而不腻，肥而不腴，
流传百余年，
仍旧大受欢迎。

清明

周时，楚屈原以忠被谗，
见疏于怀王，
遂投汨罗以死。后人吊之，
因以五色丝角条（粽子）
于节日投江以祭之。
——《世说新语》

上海縣志

五日午时，缚艾人，
采药物，食角黍，
浮菖蒲，（饮）雄黄酒。

端午

七月七吃巧果。为了纪念神话中的牛郎和织女。巧果是一种油炸果实，古代列为茶点。

一到七夕，上海的商家开始制作、供应巧果，而随着上海近代商业的发展，商家又将巧果开发为随时、长期供应的小点心。

申江竹枝词

人家油馓巧争夸，乞巧纷陈果与瓜。
金凤染成红指甲，玉尖片片弄桃花。

周浦塘棹歌

麦干面细菜油香，油面调匀更入糖。
薄薄铺平盘巧果，新翻花样费平章。

七夕

九月九吃重阳糕。方方正正的豆沙馅米糕插上三角形的小彩旗，以此寄托对漂泊在外的同胞和亲友的思念之情。

遥知兄弟登高处，遍插茱萸少一人。

——唐·王维

明年此会知谁处，醉把茱萸仔细看。

——唐·杜甫

重陽

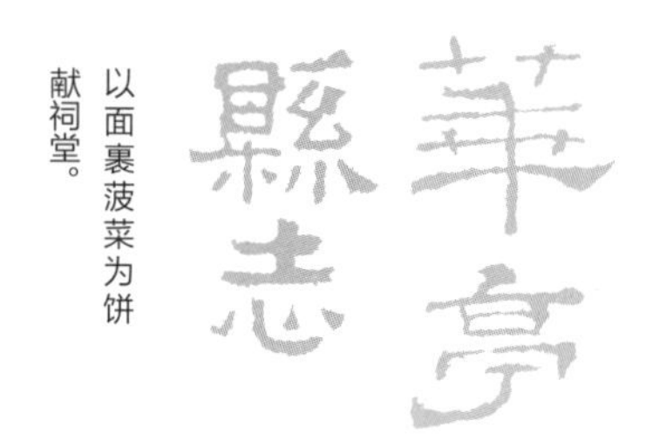

十月初一，上海习俗要祭祖。清光绪《华亭县志》：“以面裹菠菜为饼献祠堂。”由此可见，菠菜饼是十月初一祭祀祖先的供品，亦是一种节令食品。

十一月有冬至节，上海人素有“冬至大如年”的说法，因此这一天要烧煮好菜。同时，这一天亦要祭祖，需要特定的食品，如花糕、粉圆等。这些花糕、粉圆在供奉祖先之后，亦可为家人享用。

十二月初八为腊八节，上海及其他地区均有吃腊八粥的风俗，不过，上海的腊八粥则稍有不同。据王韬《瀛濡杂志》记载：“腊月八日，僧尼例以杂果双弓米，遍饷檀越，谓之腊八粥，亦曰佛粥。此风由来旧（久）矣。沪人往往有以汤饼、菜羹和入者。”这里将汤饼和菜羹掺入粥中，显然是上海特殊的风俗，与其他地区稍显不同。

腊月二十三灶神节，上海城乡常用元宝糖上供，这种糖是用饴糖制成的，一寸来长，寓意称心如意，元宝的形状就是发财了。还有一种吃食是“送灶团”，用糯米粉制成红白相间的团子，象征阴阳和合，糖和糯米都是甜的，用来黏住灶王爷的嘴巴，让他吃了嘴甜嘴软。祭品中还有茨菇、地力（荸荠）、老菱，这些吃食的谐音分别代表“是个”、“甜来”、“老灵”的意思。

除夕，贴春联、包馄饨、吃年糕。按传统说法，包馄饨口彩叫做“包财”，馄饨外形很像一只元宝，象征着在新的一年里可以发财致富。吃年糕，表示高高兴兴，团团圆圆。

二、海派点心萌芽与发展

开埠前，上海的点心并不多，或作为传统文化的食物诞生在节日，或作为温饱生活的补充点缀于民间，历史性的转折发生在上海开埠以后。

1843年，上海开埠。一些外国资本家和冒险家踏进了上海，投资创办了最早一批外资工厂，中国官僚资本也创办了江南制造局、上海织布局等近代企业，一些民族资本家也纷纷在上海创办民族工业，上海近代工业开始进入快速成长时期。伴随着工业制造业的发展，上海的城市人口急剧增长，据统计，上海人口1852年为54.4万，1910年为108.7万，1920年为225.5万，1935年为370.2万，1949年为545.5万。在不足一百年的时间里，上海人口增长了近十倍。上海人口的这种超乎常规的惊人增长，充分显示出上海无所不包的巨大容量、吞吐吸纳的恢宏气概，以及前所未有的多样性，同时也造成了上海中外混杂、多元并存的社会情境。爱狄密勒《上海——冒险家的乐园》中说道："上海真是一个万花筒。……只要是人，这里无不应有尽有，而且还要进一步，这里有的不仅是各种各色的人，同时还有这各种各色的人所构成的各式各样的区域、商店、总会、客栈、咖啡馆和他们的特殊的风俗习惯、日用百物。"

上海是一个真正意义上的移民城市。据1885年至1935年的上海人口统计资料显示：上海公共租界非上海籍人口占上海总人口的80%以上；即使在上海"华界"，非上海籍人口一般亦占75%左右。1950年的上海人口，上海本地籍仅占15%，非本地籍人口占85%。就是说，移民构成了上海城市居民的主体。这些移民包括了国内移民和国际移民。国内移民主要来自江苏、浙江、广东、安徽、山东、河北、福建、山西、云南、东三省等全国18个省，其中以江浙移民人数最多；国际移民主要来自英、美、法、日、德、俄、印度、葡萄牙、意大利、奥地利、丹麦、瑞典、挪威、瑞士、比利时、荷兰、西班牙、希腊、波兰、捷克、罗马尼亚、越南等近40个国家，最多时达15万人。沈嘉禄在《上海老味道》的自序中对上海开埠后的几次移民潮作了研究和阐述，第一次移民潮发生在清咸丰年间，因爆发太平天国运动，起义军进入江南，周边省份的难民大量涌入上海租界，造成了华洋杂处的格局。为了在上海谋生，很多外来人口选择了门槛较低的饮食业。只需少许本钱就可以提篮叫卖，因为流动性强，在上海各地引进了许多外省风味。第二次移民潮发生在清王朝覆灭、民国肇始之际，上海的工商业有了令人鼓舞的发展，诞生了中国最具西方文明色彩的民族实业家和买办，他们的传奇故事，对周边农村的失地农民构成极大的诱惑。那些农民懵懵懂懂地踏上陌生的码头、车站，凭着使不尽的力气与稀疏的人际关系，希望在上海实现梦想，成为体面的城市人。他们有的从事手工业，有的从事零售业，有的从事饮食业。从事饮食业的那批人，再次将外省风味带进了上海。第三次移民潮在抗日战争期间，战火所至，家破人亡，大量外省人涌入租界，谋求庇护，对上海风味美食产生的客观作用与前两次相同。20世纪80年代起，随着上海的改革开放，又形成了一次规模更大的移民潮，这次移民潮的主体相当庞杂，有所谓的精英阶层，比如实业家、投资者、知识分子、公务员，也有广告业、娱乐业、信息产业、现代服务业等新兴领域的从业人员，但更多的是靠体力谋生的群体。体力劳动阶层中的一些人就带来了外省的风味美食，有传承上海固有风味经营的，也有别开生面的。

不同的移民群体带来了各具特色的饮食文化，多元混杂与并存，促进了不同风格的饮食文化的互相渗透与相互交融，使上海真正成为展示全国各地的饮食文化乃至世界饮食文化的国际城市。这里既

普鲁士外交使团随团画家手绘的 1861 年上海江海关

有上海根深蒂固的本地饮食文化，也有许多具有浓厚异地色彩的饮食文化，还有充满浓郁异国情调的饮食文化，呈现出一种海纳百川、兼收并蓄的海派风格。

开埠之后，上海的点心业也随之发生了巨大变化，荟萃了全国各地的著名小吃。扬州的翡翠烧卖、淮阴的汤包、黄桥的烧饼、广州的云吞、宁波的猪油汤团、嘉兴的粽子、山东的水饺、天津的狗不理包子等。同时，来自英国、美国、法国、德国、日本、意大利、丹麦、俄罗斯等国的西点也都随着上海的开埠云集沪上，形成了风味美食百花争艳的格局。

苏式点心对上海点心业的发展有着深远的影响。苏式点心泛指江浙地区所制作的糕点，起源于扬州、苏州，故称苏式点心。苏州是千年古城，饮食文化渊源流长；江南又是富庶之地，苏州的点心精致美味；苏式点心在中国传统点心发展史上占有重要的地位，是中国传统点心主要帮式之一。据有关史料记载，苏式点心起源于隋唐，在两宋时期就颇为流行，明清两朝是苏式点心的发展时期。据古籍记载，明清两朝的苏州点心有麻饼、月饼、巧果、松花饼、盘香饼、棋子饼、香脆饼、薄脆饼、油酥饺、粉糕、马蹄糕、雪糕、花糕、蜂糕、百果蜜糕、脂油糕、云片糕、火炙糕、定胜糕、年糕、乌米糕、三层玉带糕等。如今的苏式点心，经过创新和发展，受到越来越多的人喜爱。

上海的糕团店大多经营苏式糕团，如五芳斋、沈大成、沧浪亭等。上海人爱甜食是出了名的，对糯米也是情有独钟，各种香糯美味的糕团赢得了上海人的长久喜爱。沈嘉禄在《甜到心里的永恒回忆——苏式糕点》一文中说到：“八仙桥这家糕团店离我家不远，所以我要解馋也经常往那里跑。它开在转角上，每天上午下午两市供应苏式糕点。这些糕团以糯米、粳米为主料，比如双酿团、粢毛团、松花团、玫瑰方糕、条头糕、黄松糕、赤豆糕、蜜糕、寿桃、定胜糕、苔条炸饺等。松花团表面金黄，是因为裹了一层松花粉，毛绒绒的十分可爱。”

坐落在上海老城隍庙九曲桥畔的绿波廊，建于明嘉靖年间，原名乐圃阆茶楼，1978年改为餐厅，以经营上海及苏州风味菜点为特色。绿波廊的名点桂花拉糕是源于苏式糕点的点心之一。所谓“拉糕”，是因为吃的时候用筷子挑起，拉开，再送入口中而得名。因不同的季节出产不同的辅料，所以苏州的拉糕也有了许多不同的口味，有瓜子仁玫瑰拉糕、松仁南瓜拉糕、薄荷拉糕、枣泥拉糕等。梅花糕和海棠糕是苏州经典的传统小吃，清袁枚《随园食单》云：“梅花糕源于苏州，历史悠久。”朵朵似花儿绽开的梅花糕和海棠糕，只需一眼就能辨认出来。它选用上等面粉、酵粉和水拌成浆状，注入烤热的花型模具，放入豆沙、鲜肉、玫瑰等各种馅心，再注上面浆，撒上白糖、红绿瓜丝，用灼热的铁板盖在糕模上烤熟即成。此糕呈金黄色，松软可口，老少皆宜。这两道具悠久历史的苏式点心，在上海受到了广大市民的喜爱。

上海绿波廊酒楼

苏式月饼是中国中秋节的传统食品，源于苏州，皮层酥松，色泽美观，馅料肥而不腻，口感松酥，受到江浙地区人民的喜爱。苏式月饼用小麦粉、饴糖、食用植物油或猪油、水等制皮，小麦粉、食用植物油或猪油制酥，经制酥皮、包馅、成型、焙烤工艺加工而成。苏式月饼制作技艺是古代人民的集体智慧结晶，源于唐朝，盛于宋朝。如今，苏式月饼制作区域为江浙沪三地，传统的正宗技艺仍保留在苏州。说到苏式月饼，首先想到它的酥，宋朝诗人苏轼的诗句“小饼如嚼月，中有酥和饴”说的就是苏式月饼。苏式月饼对饼皮的要求很高，皮要酥不可硬，入口要香，因此要做出好吃的苏式月饼是机器无法完成的。擀月饼皮是苏式月饼最体现手艺的地方。一块面、一块酥，包裹起来重叠、擀制、再重叠，这道工序便被称作“小包酥”。月饼的酥皮用猪油开酥，有 30 层之多，一层油酥一层水皮，需做到层次分明。经过这道工序之后，苏式月饼的皮便具备了人们印象中那种“一口嘎嘣响、渣渣落满桌”的酥脆。每逢中秋佳节，香脆酥皮的苏式月饼是上海人的最佳选择。每年秋风微凉之时，鲜肉月饼便成了上海这个城市的“热词”，王家沙、西区老大房、泰康、沈大成、三阳盛、真老大房、邵万生、光明邨等老字号门前，就会不呼自来排起长龙。源源不断的市民心甘情愿地等上几个小时，就为买那新鲜出炉的鲜肉月饼。行业规定，苏式月饼的外形应当完整、丰满，表面边角分明，不露馅，无明显焦斑，不破裂，色泽均匀，有光泽；皮层酥松，色泽美观，馅料肥而不腻，口感松酥，外表和内部均无肉眼可见杂质。热卖鲜肉月饼的上海的“老字号”中，家家都有几位做苏式月饼、糕点的“老法师”坐镇。除了大受欢迎的鲜肉月饼，净素月饼也越来越受到上海市民的青睐，知名的有玉佛寺、龙华寺、功德林的净素月饼。上海玉佛禅寺净素月饼自生产至今，已经有三十多年的历史。从原本只是面向信徒供应的月饼，因为口碑相传，逐步受到更多人的喜爱。不同于广式月饼，玉佛禅寺的净素苏式月饼一如既往地沿袭传统古法工艺，从选料、捏馅、制酥，到包馅、成型、焙烤，每一道制作工序都严格把关，倾注心力，五仁、苔条、金桔、黑麻、玫瑰、山核桃……十几种口味的月饼满足了不同客户对不同口味的需求。

苏州人吃面是有传统的，老苏州们把喝茶、吃面、听评弹当成了每日的必修课。苏式汤面最考究的是面汤，汤清而不油，味鲜而食后口不干。制作面汤称为“吊汤”，相当于饭店里的烧高汤。各家大小面店都将汤料的配方视作传家之宝，秘不外传。正宗苏式汤面汤色透明如琥珀，不见任何杂质，喷香扑鼻，咸淡适中。浇头是盖在面上的菜肴，种类丰富，几乎就是苏帮菜的菜谱，诸如朱鸿兴的焖蹄、五芳斋的五香排骨、松鹤楼的卤鸭、黄天源的爆鳝，还有常见的如焖肉、炒肉、排骨、虾仁、香菇炒素等。上海人也爱吃面。那诱人的苏式汤面在上海赢得了大批食客的青睐。美食作家周芬娜在《上海美食纪行》中写到：“我对沧浪亭的面情有独钟，每次去淮海路逛街，总不忘到它的淮海店吃碗汤面。这一方面是因为它和一座幽美的苏州园林同名，一方面也是因为它的苏州汤面确实做得好吃的缘故。沧浪亭目前在上海有十几家分店，可见它如何受到上海民众的欢迎。”经营苏式汤面的知名面馆，除了沧浪亭，还有吴越人家。吴越人家是上海第一家连锁的面馆，1995 年由吴越人先生与太太王蓓玲历尽艰辛白手起家创立的一个品牌。长期以来都是以制作传统的本帮风味菜肴和苏式面而出名。吴越人家的面条花色多样，有黄鱼煨面、焖肉面、馄饨面、爆鱼面、爆鳝面、爆三样、蟹粉虾仁面、片儿川、葱油热拌面、腰花面等等，与传统的苏式汤面不同的是，吴越人家改良后的面汤鲜美而清澈，更符合上海人的口味。

扬州自明清以来便是富可敌国的盐商集中地，他们对吃的讲究

随园食单

作馒头如胡桃大，就蒸笼食之，
每箸可夹一双，扬州物也。
扬州发酵最佳，手捺之不盈半寸，
放松仍隆然而高。小馄饨小如龙眼，
用鸡汤下之。

海上竹枝词

扬州馆子九华楼，楼上房间各自由。
只有锅巴汤最好，侵晨饺面也兼优。

必定对周边环境产生重大影响。旧时上海的扬州馆子很多，晚清朱文炳的《海上竹枝词》：“扬州馆子九华楼，楼上房间各自由。只有锅巴汤最好，侵晨饺面也兼优。”这“九华楼”是当时上海一家老扬州馆子。郑逸梅《拈花微笑录》：“小花园的尽头，设有两家扬州馆，一家名大吉春，一家名半仙居，盘樽清洁，座位雅致，到此小酌，扑去俗尘。”从前，常常会看到有“淮扬细点”的招牌挂在店铺门前，一个“细”字便是扬州糕点的精华。《随园食单》：“作馒头如胡桃大，就蒸笼食之，每箸可夹一双，扬州物也。扬州发酵最佳，手捺之不盈半寸，放松仍隆然而高。小馄饨小如龙眼，用鸡汤下之。”书中记载的扬州的小馒头、小馄饨小巧玲珑，独具匠心。千层油糕是扬州传入的名点，上海当年是以老半斋和绿杨邨的为佳。千层糕用发酵面、白糖、熟猪油和糖猪油板丁加工制成，呈芙蓉色，半透明，一共有 64 层，层层糖油相间，其白如雪，揭之千层，绵软甜润。

浙江点心在上海名气最大的当推宁波汤团。宁波的猪油汤团，据考证始于宋元时期，距今已有七百多年的历史。它用当地盛产的优质糯米磨成粉做成皮，以细腻纯净的绵白糖、黑芝麻和优质猪板油制成馅，具有香、甜、鲜、滑、糯的特点，咬开皮子，油香四溢，糯而不黏，鲜爽可口，令人称绝，因而享誉海内外。宁波地区民间每逢正月初一早晨，家家户户，男女老少都要吃宁波汤团，以示欢乐、团圆、吉祥之意。随着越来越多的宁波人到上海开店做生意，也把宁波汤团这种食品传到上海各地，美心点心店、宁波汤团店、七宝老街汤团店等都能吃到香甜柔糯的宁波汤团。

在上海，点心业早于酒菜业，点心业的经营方式有流动商贩、固定摊商、点心店三种。据《上海通志》记载，上海开埠后，弄口设摊、沿街叫卖者剧增。流动商贩提篮或肩挑叫卖，提篮者向小摊商赊销或代销大饼、油条、脆麻花等，清晨沿街叫卖。肩挑者用竹制摊担，称骆驼担、馄饨担，主营馄饨。馄饨皮薄而透明，称绉纱馄饨，可加面条，通常营业至深夜，经营者以江西人为多。固定摊商支撑油布大伞，用三块木板、两只高凳搭成长桌，备数条长凳供客就座，供应豆浆、粢饭、葱油饼、汤团、馄饨、阳春面等廉价点心。点心店多为一开间门面，门口砌两眼炉灶，现做现卖，主营馄饨、面、生煎馒头、蟹壳黄等。

开埠后的上海，点心摊担成群发展，各种小吃店和点心店应运而生。20 世纪 30 年代，上海点心行业逐渐形成了糕团、面团、油饼馒、粥店、西点 5 个自然行业。

其一，糕团业。糕团分苏式、宁式两大帮派。苏式糕团常年供应条头糕、定胜糕、寿桃糕、蜜糕、赤豆糕等，冬春以糖年糕、猪油年糕为主，夏季以冷团为主；清明有青团，秋季有重阳糕。宁式糕团主要有包馅热年糕团，现做现卖，冬春以宁波年糕为主，夏有糖糕、冷麻团、油氽细沙糯米饺，端午有粽子。据《上海通志》记载，20 世纪 30 年代，上海市区已有糕团店七十多家。发展至 1945 年，上海的糕团店有六百家之多。其中知名的糕团店有五芳斋、沈大成、乐添兴、沧浪亭、鲜得来、鼎新园等。

五芳斋点心店创建于清咸丰八年，江苏吴县人沈敬洲建于山西南路盆汤弄杨家坟山，以苏式五色糕团知名，选用芝麻、玫瑰、桂花、松花、薄荷五种香料和糯米制成，用料讲究，操作精细，糕团软糯适中，“船点”形状逼真，四季有应时品种，兼营面点、菜肴。最兴旺时，五芳斋点心店在上海河南路、西藏路、苏州等开设了五家分店。五芳斋点心店的强项，在于糕团和点心，重阳糕、秘制糖山芋、桂花糖藕、蟹粉小笼、咸蛋黄小笼、蟹粉灌汤包、枣泥眉毛酥、三丝春卷、三丝二面黄等，都体现出江南点心的精致。其制作的糕团点心更是独具特色，不仅有粽子、黄松糕、豆糕等，而且制作的寿桃、寿糕、寿面、皇母娘娘、老寿星、八仙过海等造型，形态栩栩如生，惟妙惟肖。

沈大成点心店创建于光绪元年（1875 年），距今已有 140 年历史。创始人沈阿金为集点心与风味小吃之大成，故取店名为沈大成。沈大成注重选料，讲究制作精细，发扬传统，立意创新，因而一举成名，沈大成的寿桃、寿糕、桂花条头糕、双酿团，青团等品种享有盛名，早在 20 世纪 30 年代就享誉海内外。

沧浪亭点心店创建于 1950 年，主要经营苏式面点和糕团，从最早的苏式面馆开始，店家不断改良推出新品，渐渐越来越偏向上海的本帮口味。应时糕团品种有春节糖年糕、百果松糕、猪油年糕，夏季茯苓糕、方糕、炒肉团子，中秋鲜肉月饼等。20 世纪 90 年代，又增加了可可拉糕、白脱咸味糕、柠檬素油年糕等名品。鳝糊面、大排面、三虾面、葱油开洋面等也都深受食客的喜爱。

鲜得来排骨年糕店创建于 1921 年，何世德一家三口在蓝维蔼路志德行里弄口（现西藏南路 177 弄口）放上三只半台子、几条长凳、一只铁锅、炉子等设摊，占地仅几个平方米。何世德的小年糕全部按传统工艺手工操作，做出的排骨年糕洁白细腻、鲜糯可口、肥而不腻，既保持了肉质原有的鲜度，又有一定的营养价值。由于何世德讲究质量、价廉物美，而且就餐方便，深受社会下层广大食客的欢迎，生意日见其好，名气也逐渐响起来了，吃客们都说：“价钱便宜，经济实惠，味道真是鲜得来！”摊主何世德因此得了个“排骨大王”的美称，遂以食客的赞语“鲜得来”作为招牌。这块招牌在上海滩越叫越响，几乎妇孺皆知、家喻户晓。1993 年被国内贸易部授予第一批“中华老字号”称号。

其二，面团业。安徽帮、宁波帮和湖北帮是面团业的三大帮派。安徽帮经营汤团、各色浇头面、汤炒面、馄饨等点心。汤团花纹粗，有芝麻、鲜肉、玫瑰、薄荷、豆沙、虾肉等品种，个大、馅多、皮薄，吃口软糯。湖北帮经营汤团、阳春面、小馄饨、菜肉馄饨。汤团花纹清楚，皮薄、馅多，价格低廉。宁波帮的宁波汤团是特色，细巧甜香。据《上海通志》记载，20 世纪 40 年代，市区有面团店近 900 家，1955 年有面团店 892 家，1995 年有 3 481 家。其中知名的有美新、森义兴、乔家栅、德兴、四如春、沁园春、又一村、成昌、万鑫斋、盛兴等。

乔家栅创始于清宣统元年（1909 年），是家喻户晓的沪上名店，以生产各种江南传统糕团为主，其产品曾多次获得部优、上海名特小吃、中华名小吃等荣誉称号。乔家栅前身是永茂昌汤团店，最初的店主是姓李的安徽人。由于他经营的汤团选用糯米、赤豆、鲜肉等都比较讲究，拌豆沙的玫瑰也是亲自用糖腌制的，因而一开张就生意兴隆，顾客近悦远来。李老板不仅在选料上肯下功夫，而且经常亲临生产现场察看，监督质量。如果发现有汤团竖着浮到水上面，厨师就要受到处罚。因为汤团竖起来是由于其皮厚薄不匀、制作马虎所致。经过严格把关，乔家栅的汤团始终保持厚薄匀称，褶裥清晰，吃口软糯、滑润的特色，受到顾客交口称赞。而顾客的称赞是最好的广告，因此，虽处陋巷之中，慕名而来者却依然络绎不绝，乔家栅的汤团的名号不仅在市内逐渐叫响，连上海周边地带的顾客也都专程来一饱“乔家栅汤团”的口福。后来，乔家栅又分成两家，“上海乔家栅”和“乔家栅食府”。上海乔家栅俗称“南市乔家栅”，乔家栅食府俗称“西区乔家栅”。《上海通志》记载：“有上海乔家栅和乔家栅食府，分别在中华路1460号、襄阳南路33号。清光绪十九年，李一江自制糕团叫卖，后在乔家栅路建永茂昌汤团店，1935年改名乔家栅。上海沦陷后，业务清淡。1939年，王汝嘉以1 000元购买招牌，在今襄阳南路建店，1940年开业，称乔家栅食府。1956年，乔家栅路老店迁老西门今址。”

四如春点心店创建于1929年，早年开在瑞金一路15号，经营徽帮汤团、馄饨面食。汤团馅佳，加工精细，尤以芝麻汤团花纹细巧、甜香糯俱佳闻名。20世纪50年代，首创蒸拌面。先蒸后煮，再用冷风吹凉的办法加工，为上海独有之制。后来，四如春点心店改名“四如春食府”。

《上海通志》：“1937年前后，美心汤团店开业。”《上海老菜馆》：“原名‘美心汤团店’，1941年由浙江宁波人徐方元开设。该店的前身——1937年由徐方元开设的‘美心洗染店’，因地段偏僻，生意一直不佳。”美心点心店经营的宁波猪油汤团，光洁糯滑，皮薄馅足，入口即化；粽子、八宝饭也十分有名。

其三，油饼馒业。经营的点心有两类，一类以生煎、蟹壳黄、小笼包、汤包、牛肉汤等为主，一类以大饼、油条、豆浆、粢饭糕、油饼、脆麻花、老虎脚爪等为主。《上海通志》记载，大饼制作有南京、镇扬、丹阳、盐城、黄桥、泗阳、河南等帮派，品种近50种，形状分圆、菱角、蝴蝶、椭圆、菊花、朝板等，口味有甜、咸、椒盐、葱油、油酥等。1945年，市区有油饼馒店二千余家；1955年有2 296家；

1995 年，知名的有大壶春、吴苑、杨柳村、清真、友联点心店、南翔馒头店、白玉兰小笼馆、永和豆浆等。

南翔馒头店，清光绪二十六年（1900 年），南翔人吴翔升带着赵秋荣师傅来到上海老城厢，在城隍庙内开了一家专门制作经营小笼馒头的店，取名“长兴楼”。20 世纪 50 年代，“长兴楼”改名为“南翔馒头店”。南翔小笼经历了几代传人的努力，形成了它独特的配制秘方和制作技术，深受上海市民和中外游客的喜爱。南翔小笼馒头外皮薄韧，馅心多汁，形状似宝塔，收口如鱼唇，精巧玲珑的造型，生动、美观，彰显了精湛的手工工艺。它的制作技艺已被列入 2007 年上海非物质文化遗产保护名录。经历了百年多的历史沉淀，南翔小笼馒头的名声日益剧增，终成一家驰名中外的百年老字号。

王家沙点心店创立于 1945 年，为综合性点心店，以上海点心为本，经营品种随季节变化，并结合江南点心风味变化出新，兼收并蓄，自成一格，所做的虾肉馄饨、蟹粉生煎、豆沙酥饼、两面黄四款特色点心，被誉为老上海点心的“四大名旦”，有“上海点心状元”之称。

王家沙点心店所做的虾肉馄饨、蟹粉生煎、豆沙酥饼、两面黄四款特色点心，被誉为老上海点心的『四大名旦』，有『上海点心状元』之称。

《上海通志》：“大壶春创建于 1932 年，专营生煎馒头、蟹壳黄、牛肉汤。馒头圆整饱满，包捏均匀，底板金黄，皮薄馅多”；“吴苑饼店创立于 1935 年，滑稽演员汪桂生等 4 人合伙开设，经营苏式酥饼、蟹壳黄、生煎馒头等，以虾肉生煎皮薄、馅大、汁多、味香闻名”。

其四，粥店业。20 世纪 30 年代，市区有粥店六百余家，主要分布在南市、闸北、虹口。1937 年，成立粥店商业同业公会，潘福兴、郦复兴、三元斋粥店开业，规模较大。上海沦陷时期，粥店减到一百多家。1949 年 5 月，市区有粥店 300 家、1950 年初有 127 家、1955 年有 254 家、1991 年有 8 家。知名的有小绍兴、老公兴、章氏鸡粥店等。

1939 年，章润牛与妹妹章如花随父从浙江逃荒到上海，在西新桥附近（即云南南路）栖身。为了生计，他们开始买些鸡头、鸭脚、鸡翅膀烹调后，拎着篮子走街串巷叫卖。兄妹俩省吃俭用，积攒了一些钱后，在云南南路的弄堂口，摆了个摊头卖馄饨、鸡头鸭脚、排骨面条。当年，这一带各类小吃摊头云集，章氏兄妹的生意冷冷清清，光顾者寥寥无几。于是他们便改为鸡粥摊，但生意也不景气。有一天，章润牛忽然想起孩提时听到老人们讲过绍兴产的越鸡曾是清代仁宗皇帝的贡品的传说。据说，在绍兴有一个四面环山的山村里住着几家农户，每年都要养许多鸡，每天清早就把鸡放上山去觅食，这些专靠它们自己寻觅野生活食长大的鸡，其肉特别肥嫩，烧好以后味道特别鲜美，有一次皇帝尝了以后赞不绝口，从此，要他们年年进贡，并称之为越鸡。章润牛从这个传说中受到启发，开始选用农村老百姓放养长大的鸡作原料。这一改，鸡粥鲜味果然非同一般，继章氏之后开设的一些鸡粥店不知其中奥秘，因此生意都不如章氏兄妹的鸡粥店。由于章氏兄妹的鸡粥摊没有招牌，而摊主章润牛一口绍兴音，加上他个子瘦小，一些老顾客都以“小绍兴”相称呼，久而久之，“小绍兴”就成了鸡粥摊的摊名了。“小绍兴”鸡粥店常年顾客盈门，座无虚席。粥店主营白米粥、粥菜，兼营客饭、面点、豆浆，花色粥有鸡汁粥、桂花赤豆粥、白糖莲心粥、鱼生粥、皮蛋粥等。1984 年，扩大经营面积，1992 年翻建为十开间六层楼，营业面积二千多平方米，改名小绍兴酒家。

其五，西点业。上海开埠后，西点业与西餐业同时出现。上海是中国西餐的发源地，20 世纪 30 年代作家张爱玲对上海的西餐十分着迷，在书中不时提到老上海西洋肉食、蛋糕、面包和牛奶的美味。老上海的西式点心多由西餐馆、咖啡馆、食品店兼营，后有西点店自产自销，知名的西点店有凯司令、老大昌、喜来临、哈尔滨食品厂等。

凯司令食品厂创建于 1928 年，最早是一家西餐馆，创始人是林庚民和邓宝山。为了能在被外国人垄断的西点业界立足，凯司令从德国人的飞达西餐馆请来了西点大师凌庆祥父子，开始制作经营德式蛋糕。名点有系列卷筒蛋糕、栗子蛋糕、维纳斯饼干、鲜奶蛋糕，以及花生排、胡桃排、蝴蝶酥、咖喱角等。当时设有南京西路 1001 号、566 号 2 个门市部。从中国人在上海开的第一家西餐馆起步，近一个世纪过去，如今的凯司令西点依然是上海人记忆中的那个味道。

哈尔滨食品厂创立于 1936 年，原名“福利面包厂”，创办人杨冠林，年轻时曾在哈尔滨以做面包为生。来上海后，他运用掌握的精湛技艺，生产各种俄式面包、蛋糕、点心、饼干，后来更名为“哈尔滨食品厂”，2016 年正式改制为“上海哈尔滨食品厂有限公司”。当时哈尔滨食品厂的经营方式是前门店后工厂，现做现卖，生意兴隆。罗宋面包和其他各式大小面包，各种干点和糖果都深受顾客的喜爱。1993 年，上海哈尔滨食品厂被国内贸易部认定为“中华老字号”企业，2014 年被评为首批“上海老字号”企业。上海哈尔滨食品厂经历了从合资到国有，新老员工、设备的不断更替，在不断调整的这几年，海燕食品厂、高桥食品厂被合并到上海哈尔滨食品厂。面对瞬息万变的市场环境，哈尔滨食品厂既坚持传统的制作工艺，又以“创新”促进企业发展，这家正在迈向百年老店的企业，必会走得更高，更远。

老大昌食品店创建于1937年。当时，两个俄国人在上海开设两家老大昌，在东侧开设老大昌洋行，西侧开设老大昌，分别主营法

开埠前，上海的点心并不多，或作为传统文化的食物诞生在节日，或作为温饱生活的补充点缀于民间。

1843年，上海开埠。

开埠之后，上海的点心业也随之发生了巨大变化，荟萃了全国各地的著名小吃。扬州的翡翠烧卖、淮阴的汤包、黄桥的烧饼、广州的云吞、宁波的猪油汤团、嘉兴的粽子、山东的水饺、天津的狗不理包子等。同时，来自英国、美国、法国、德国、日本、意大利、丹麦、俄罗斯等国的西点也都随着上海的开埠云集沪上，形成了风味美食百花争艳的格局。

式面包、点心、蛋糕、糖果和泡芙等。1945 年，西侧老大昌卖给了中国老板，俗称华商老大昌，自办奶牛场，经营以鲜奶为原料的蛋糕、泡芙等。上海解放后，老大昌洋行老板回国。1956 年公私合营后，两家合并，由技师杨永显、丁广鸿、谢德焕等主理，以法式点心闻名，

苏式点心对上海点心业的发展有着深远的影响。
浙江点心在上海名气最大的当推宁波汤团。

在上海，点心业的经营方式有
流动商贩、固定摊商、点心店三种。

开埠后的上海，点心摊担成群发展，各种小吃店和点心店应运而生。
20 世纪 30 年代，上海点心行业逐渐形成了糕团、面团、油饼馒、粥店、西点 5 个自然行业。

部分点心老字号创立时间：
1858 年　清咸丰八年，五芳斋点心店创立。
1875 年　光绪元年，沈大成点心店创立。
1900 年　光绪二十六年，南翔馒头店在城隍庙开业。
1909 年　宣统元年，乔家栅创立。
1921 年　鲜得来排骨年糕店创立。
1929 年　四如春点心店创立。
1928 年　凯司令食品厂创立。
1932 年　大壶春创立。
1935 年　吴苑饼店创立。
1936 年　哈尔滨食品厂创立。
1937 年　老大昌食品店创立。
1937 年前后　美心汤团店创立。
1945 年　王家沙点心店创立。
1950 年　沧浪亭点心店创立。

供应品种有开面类、硬面类、裱花干点类、发面类、蛋糕类、哈斗类、华夫类、面包类、巧克力糖果类等。白脱蛋糕、巧克力朗姆蛋糕、奶油蛋糕为名品。1993年，老大昌迁到淮海中路558号（成都南路），和外资企业开办了合资公司，开设了十几家连锁店。后来，红极一时的老大昌由于管理经营等问题逐渐没落了，直到2014年，告别淮海路12年的老大昌重振旗鼓，终于又回来了，那些承载老上海、老卢湾记忆的海派点心再次闪亮登场。

上海的点心业，历经数百年时世变迁，汇集东西南北的风格，承载着丰富的文化信息，呈现了多元的餐饮魅力。随着国际化大都市建设的加速推进和人民生活水平的不断提高，上海的点心业呈现空前繁荣的景象，小吃门店数以万计，点心种类无以计数。它们是最简单的，也是最复杂的；是最平常的，也是最珍贵的，在每个上海人的心中传递着怀念与感恩的温情。

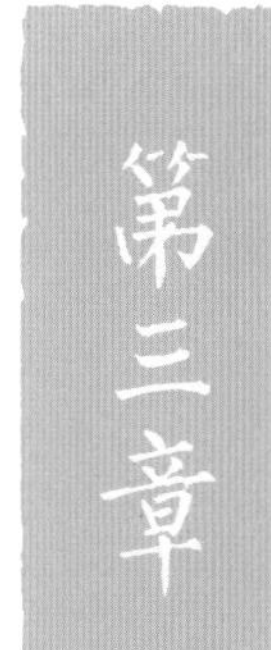

第三章 四大金刚及其制作工艺

四大金刚是传说中把守天门的四位天神，老上海人把他们最爱的四种早点——大饼、油条、粢饭、豆浆幽默地称作“四大金刚”。

早年上海的弄堂口、菜场里、马路边，总能找到它们的身影。炉子里烘着大饼，锅子里炸着油条，小桶里焖着粢饭，大桶里装着豆浆。一张桌子、几条凳子，络绎不绝的人潮，萦绕耳边的问候……这是老上海早点摊位的温馨场景。那时候，大家都喜欢拿一根筷子或者一只淘箩，穿街走巷，就为了能买上喜爱的早点，仿佛有了它们的陪伴，迎接新一天的到来就会感到踏实满足。旧时的上海，两只大饼，一根油条，一碗豆浆，加起来一角左右，可在当时看来却是一件奢侈的事情。在大部分精打细算的上海人用隔夜饭泡早饭的时候，能到早餐摊位买早点的，已经算是条件优越了。“四大金刚”制作方便、食材价廉，却又风味十足、营养丰富，上海人对它们的热爱已远远超过早餐本身的意义了。

大饼是“四大金刚”的老大，分为咸甜两种。甜大饼是椭圆形的，制作简单，白砂糖加一点面粉是馅心（白砂糖加面粉是为了防止咬

四大金刚是传说中把守天门的四位天神，
老上海人把他们最爱的
四种早点：大饼、油条、粢饭、豆浆
幽默地称作『四大金刚』。

破后糖液直接流出来烫了嘴舌），裹拢来擀成椭圆形，刷一层饴糖液，再撒几粒芝麻。咸大饼的制作工艺要复杂些，师傅先将面团擀成长条，刷一层菜油，抹盐花，抹葱花，卷起来，侧过来擀成圆形，就是圆大饼。过去正宗的大饼是从炉子里烘出来的。选一口缸，凿去底，倒扣在炉子上，为了保温，还会在外面抹上一层厚厚的黄泥。炉子里烧的是煤球，大饼抹了水贴在内壁上，不一会儿，诱人的香味就会缭绕在你身边，师傅用火钳把烘熟的大饼一只只夹出来。金黄色的表面，绿葱花，白芝麻，咬一口，松脆喷香。

大　饼

薛理勇在《点心札记》里，关于大饼有这样的描述：“1910年上海环球社出版的《图画日报·营业写真》中绘有‘做塌饼’一画，从画面来看，这‘做塌饼’就是‘做大饼’。显然，清代上海之‘大饼’是讲和写作‘塌饼’的。”真不知，为何后来这“塌饼”慢慢被讹成“大饼”了。大饼的不同形状在清代时有不同的称谓，《点心札记》里引用了“做塌饼”的配画文：“塌饼司务好生意，做成烘入饼炉里。朝板盘香蟹壳黄（皆饼名），还有瓦爿（亦饼名）名色异。瓦爿饼，销场粗，只因近来蹩脚大少多。当日山珍海味难下肚，试问今朝啖饼味如何。”“塌饼”或“大饼”只是此类饼的总称，如用不同的方法做成不同形状的饼，又有不同的称谓。“朝板”即“笏”，就是在传统戏中能看到的大臣上朝时手里拿的板，古时多为竹制，长方形，略弓；“盘香”是一种香，为圆香盘成圆饼状，形似今日的“蚊香”，将中心的香头挂起来后，因重力的因素，周边的香会下垂，形成如弹簧的形状，笔者小时候还把此两种形状的大饼叫做“朝板”、“盘香饼”等，后来就叫做“方大饼”、“圆大饼”了。现在的大饼摊上很少能见到方大饼了，可能是做成椭圆形的大饼更方便一些吧。

油条，是一种古老的油炸食品，口感松脆有韧劲。《宋史》记载，宋朝时，秦桧迫害岳飞，民间通过炸制一种类似油条的面制食品（油炸桧）来表达愤怒。但薛理勇在《点心札记》中这么写道：“由于油条必须使用明矾为膨松剂，而明矾是近代以后的‘舶来品’，所以中国的油条应该起源于近代，而‘油炸桧’应该是‘油炸果’的异读，与宋朝的秦桧没有关系。”薛理勇的分析也有其根据，在此推测，油条可能是在早期油炸果的基础上逐渐演变而来的。至于究竟是如何演变的，还需进一步考察。

刚出锅的油条颜色金黄，口感松脆，制作的要领要掌握好：每

油　条

两条上下叠好，用竹筷在中间压一下；不能压得太紧，以免两条粘连在一起，两条面块的边缘绝对不能粘连；也不能压得太轻，要保证油条在炸的时候两条不分离；旋转就是为了保证上述要求，同时在炸的过程中，容易翻动。双手轻捏两头时，应将两头的中间轻轻捏紧，在炸的时候两头也不能分离。当油条进入油锅，发泡剂受热产生气体，油条膨胀。但是由于油温很高，油条表面立刻硬化，影响了油条继续膨胀，于是油条采用了每两条上下叠好，用竹筷在中间压一下的工艺，两条面块之间水蒸汽和发泡气体不断溢出，热油不能接触到两条面块的结合部，使结合部的面块处于柔软的糊精状态，可不断膨胀，油条就愈来愈蓬松。

我国很多地方都有油条，叫法不一样，吃法也不尽相同。东北和华北很多地区称油条为“馃子”；安徽一些地区称“油果子”；广州及周边地区称“油炸鬼”；潮汕地区等地称“油炸果”；浙江地区有“天罗筋”的称法。在天津流行使用煎饼卷油条制成的小吃——煎饼果子；杭州有一种特色小吃“葱包桧”，是用薄饼卷油条和葱段，在平底锅上压扁并烤制而成。食用时涂抹上甜面酱或辣椒酱；在河南，人们喜欢以新炸好的油条配合糊辣汤或豆腐脑等食用，作为早餐；在山东，早餐的油条和粥、辣汤可是绝配。在广东、香港流行用肠粉卷着油条制成炸两，淋上酱油食用，可随意再加上辣椒酱和甜酱，也有直接拌粥作早餐的吃法。广东人亦喜欢以瓦砵把油条和鸡蛋及鱼肠焗熟食用，称砵仔焗鱼肠。在上海，油条是传统早餐“四大金刚”之一，上海人也用油条和糯米制成粢饭。

“买油条，用筷子”是上海早市的一道风景，用筷子把油条串一串，带起来更加方便，而且不会走形，拿回家的油条还是完完整整的。油条是大饼的最佳拍档，上海人的标准吃法是把大饼放在手心里，然后将油条一折二，再将大饼一折二，有芝麻的一面要朝里，将油条包在里面，这样的搭配吃起来最“塞根”（上海方言，意思是“过瘾”）。上海人还有“一副”大饼油条的说法，就是一个大饼加一根油条。当然，油条单吃也很美味，油条最好吃，最香的是那两端小小的尖尖头。说到这，不由得会想起周立波海派清口里“皮小鬼”（调皮的小孩）把尖尖头全部摘掉的桥段。上海人也喜欢把油条斩成段，蘸了红酱油过泡饭吃，相当实惠。还有好吃的老油条（老油条一词，在上海方言中，特指那些屡教不改的坏小子），把前一天没卖掉的油条再入一次温油锅炸透，吃起来瓜拉松脆，口感极像麻花。

粢饭在“四大金刚”里最实在、最管饱。要做出香糯美味的粢饭也有讲究，先将按比例配好的糯米与粳米浸泡一夜，然后将米放入垫有蒸草（或纱布）的蒸桶内，蒸桶放在装有半锅水的锅上，桶底离水面稍高，用大火将米饭蒸熟。蒸得好的粢饭应该软硬适中，清香味浓。刚蒸好的米饭是极烫的，包粢饭的师傅们个个都像有神功似的，不怕烫。取干净纱布一块，摊在左手掌心，再来个海底捞月，在桶里倒腾几下就抓起一个雪白的饭团，份量正好是二两，不用称。随后右手轻轻一旋，饭团就乖乖地摊开成了一块厚薄均匀的饭饼。再用二指快速夹起一根刚出锅的油条，折叠包入饭饼中心，放些白糖，用双手控拢捏紧即成。在师傅们娴熟的动作过程中，一个个雪白的粢饭源源不断地交到客人手中。粢饭也有甜咸之分，甜的里面放豆沙、黑洋沙；咸的则往往放榨菜、肉松等。老上海人喜欢用二两粢饭包一根油条，边捏边吃，既实惠又可口。边走边吃也是马路风景之一，他们要赶时间上班呀。有闲的人再加一碗豆浆润润喉，怡然自得地享受早餐的快乐时光。

粢 饭

薛理勇在其专著《点心札记》中，关于粢饭有一段这样的描述："1909年上海环球出版的《图画日报 . 营业写真》中绘有的'卖糍饭'一画，从画中可以知道，这'卖糍饭'与'卖粢饭'几乎是一模一样的。该画的配画文说：'热糍饭、糯米做；装木桶，生炭火；白糖油条随意包，清晨充饥香且糯。糍饭原是米做成，而今米贵如珠小贩苦。嗟彼贩米出洋黑心人，高抬米价穷人饿。'。上海的粢饭也是蒸糯米而成，一般在粢饭团里夹一根油条，如喜欢甜食，也可以加适量的白糖。'糍'与'饎'是异体字，音 chi，在方言中与'粢'同音。看来，今所谓'粢饭'是'糍饭'之讹，'粢'是'糍'的别字。"由此看来，一百多年前的上海就已经有粢饭了。

豆浆是用大豆与水按一定比例配制后，研磨而成的饮品，别名又叫豆腐浆。豆浆性平，味甘，营养价值极高，富含钙、铁、磷、锌、硒等矿物元素及多种维生素，含有人体所需的优质植物蛋白。民间有"一杯鲜豆浆，天天保健康"的说法。豆浆起源于中国，相传是1900多年前西汉淮南王刘安所发明。刘安在淮南八公山上炼丹时，偶尔将石膏点入豆浆之中，经化学变化成了豆腐，豆腐从此问世，这在诸多典籍中均有记载。

豆浆是上海人早点的"百搭"。无论是大饼、油条和粢饭，还是小笼、生煎和锅贴，一定要配着热气腾腾的豆浆才吃得舒服，吃得完美。磨豆浆是辛苦的活儿，先要把黄豆洗过浸泡，使其发胖变软，然后灌进电磨里磨。旧时是用石磨磨的，更累人。磨好的豆浆要滤去豆渣（俗称"豆腐渣"），撇去泡沫，赶在天亮前煮熟，煮透的豆浆上面会凝结一层薄如蝉翼的奶皮，这才是真材实料的黄豆磨出来的好豆浆。豆浆有淡浆、甜浆和咸浆之分，老上海人似乎更偏爱咸浆。做咸浆最关键是要添加一定比例的酱油和醋，豆浆才会凝固成花。师傅的手势也很重要，提起一勺豆浆，高高举起，飞流直下般地冲进放好配料的碗里，高冲而下的动作能让碗里的咸浆翻滚起花。翠绿的葱末，金黄的油条半浸在奶白色的豆浆里，紫菜、虾米，榨菜在底下暗香浮动，煞是好看。一碗好的咸浆看着混、吃着浓、入口烫，不仅营养美味，而且赏心悦目。

豆 浆

过去上海的每条马路旁差不多都有早点摊，经过一番折腾，现在都没影啦，作为上海滩早点市场的主力军——“四大金刚”也各走各的道了。原本那种香味缭绕的早市氛围似乎已离我们远去，但那份对于经典早点的情怀，依然能勾起我们无限的渴望。

用 料

皮料：面粉 300 克。

馅料：无（可做白糖馅的）。

辅料：盐 50 克，葱油 30 克。

制 法

1. 准备面粉。温水和面，和到没有干面，用手揉成面团，期间不加干面，和好以后往面团中搽温水，搽到没有面粘手，扯起来像皮筋状，置于边上醒 30 分钟左右。
2. 醒好之后，在面板上铺一层面粉，把面团倒在上面揉几下分成大小相等的面团，擀成直径 20cm 圆形饼，接下来就是撒盐，撒葱花，然后刷油，再撒点干面粉（有助于分层，），最后切个口子。沿着切口旋转，成圆锥体，最后把边都捏起来，防止油流出来，转的时候，尽量不要超出最边缘，这样底部好封口。然后把下边两个角往中间弄一下，尖朝上，用手把按扁，翻过来，就开始擀饼。
3. 预热饼铛，预热完成后，放入大饼大约 2 分钟后，只要上面鼓起来了就行了！薄薄地刷一层油，然后翻过来，再薄薄地刷一层油，待再排气熟透即可。（传统大饼是在炉子里烘熟的，如甜大饼就用白糖和少量面粉做馅。）

油条

用料

皮料：面粉 250 克。

馅料：无。

辅料：色拉油 10 克、食盐 2 克、水 165 克、酵母粉 3 克、苏打粉 1 克。

制法

1. 将面粉（有泡打粉的加上泡打粉一起）和酵母放在一起，置于案板上，中间挖一个小坑，逐量加入清水，加一次就把面粉和清水揉匀，再加水，一直到可以揉成一个光滑的面团，然后置于容器中盖上锅盖。
2. 待面团发酵到两倍大之后，在手掌上抹点油，将面团里的空气按压出来，再将 10 克食用油和面团放在一起揉匀，继续盖上盆子或者锅盖等醒 20 分钟，将小苏打和 15 克清水混合均匀成苏打水，右手握起拳头，用手背沾上苏打水一点一点揣进面团里，揣均匀，再揉成面团，盖上容器发酵到两倍大。
3. 取出来用手掌按压出里面的空气，油面团就做好了。用手配合擀面杖，沾上油，将面团做成厚约半厘米高，一指长的长方形。
4. 平底锅里倒入半锅油，中火加热。手上沾油，将面团切成两指宽一段，一段摞在一段上面，筷子上沾点油，从中间压下去，做成油条胚，等到油七成热时，将油条胚拉长之后慢慢放到锅里炸制。待油条浮上来五六秒之后用筷子从一边轻轻地将油条翻面，继续炸制即可。（等油条基本定型了就要勤翻动，防止一面炸糊了一面还没熟。）

粢饭

用料

皮料：糯米100克、大米50克。

馅料：咸菜50克、肉松20克、油条半根。

辅料：无。

制法

1. 将糯米和大米淘洗干净，在水中浸泡10小时，放入笼屉内蒸熟成松软的米饭。
2. 取干净卫生白布一块，保持白布湿润。把米饭团摊开在白布上，中间摆上油条，放入咸菜、肉松等，再取一条米饭盖在油条上，使之被包裹在里面，最后用白布包紧即可。也有用油条和白糖包裹于米饭内，做成甜饭团的。

豆浆

用 料

皮料：黄豆 150 克。

馅料：无。

辅料：清水适量、白糖 20 克。

制 法

1. 黄豆提前一晚泡上，将泡好的黄豆洗净，挑出坏豆和杂物。
2. 将黄豆倒入粉碎机内，按比例加入适量水粉碎。
3. 将粉碎的豆汁滤出，放入锅中中火慢煮，边煮边撇除泡沫，直至煮熟煮透。（豆浆一定要煮透，否则会引起食物中毒。）
4. 饮用豆浆时可食用原味淡浆；加入白糖的甜浆；放入虾皮、油条、葱花、酱油后的咸浆。

第四章 糕团类点心及其制作工艺

我国北方是小麦文化的大本营，食品以饼类见多；南方是稻米文化的发源地，点心以糕团居多。糕团是“糕”和“团”的合称，一种磨米为粉制成的点心。糕通常为方形，一般都是以隔水蒸的方法制作。团是圆球状的，水煮的称汤团或汤圆，蒸熟的称团子。

上海糕团香甜糯软、工艺精细，其历史非常久远。《上海通志》中记载：“清代，有小贩提篮叫卖。清咸丰八年（1858 年），苏州沈敬州在杨家坟山（今山西南路盆汤弄）开设姑苏五芳斋，专营五色糕团，用糯米和玫瑰、桂花、薄荷等制成红寿桃、黄松糕、青团、黑芝麻团、白年糕等。”提篮叫卖，声声悠远；掀起盖布，糯糯糕团。如此场景，仿佛就在眼前。

上海糕团选用的米粉，大多都是苏州、无锡等地出产的优质粳米和糯米，制作的过程中，先将米粉细磨细筛，再将水磨糯米粉与粳米粉按不同比例混合，经过蒸粉、揉匀、出条、整形、冷却等手工工序，制作出不同的造型和软糯的糕团。

上海糕团品种繁多，木心有一篇散文——《上海赋·吃出名堂来》，写到上海早餐时，一口气列举出了 50 种点心的名称，其中糕团类就有二十余种：擂沙团、双酿团、刺毛肉团、瓜叶青团、四色甜咸汤团、百果糕、条头糕、水晶糕、黄松糕、胡桃糕、粢饭糕、扁豆糕、绿豆糕、重阳糕、水磨年糕，还有象形的梅花、定胜、马桶、如意、腰子、寿桃等糕。看来，糕团占了上海点心界的“半壁江山”。

上海糕团不仅品类众多，且季季不同，应时迭出。曾在某家糕团店门口看到一首打油诗：“正月十五闹元宵，二月初二撑腰糕，三月清明有青团，四月十四神仙糕，五月初五端午粽，六月十八谢灶糕，七月中元豇豆糕，八月廿四品品糕，九月初九重阳糕，十月里来南瓜糕，十一月内冬至糕，十二月廿四糖年糕。”上海人吃糕团配合着时令季节，品尝新鲜食材的美味，感受与大自然的共鸣合一。

一个节日，一种糕团。那些诞生在年节日子里的糕团，因其各种美好的寓意，似乎更受到上海人的宠爱，善于把喜庆和吉祥之味调入糕糕团团里，这就是上海人的智慧。

正月十五闹元宵
二月初二撑腰糕
三月清明有青团
四月十四神仙糕
五月初五端午粽
六月十八谢灶糕
七月中元豇豆糕
八月廿四品品糕
九月初九重阳糕
十月里来南瓜糕
十一月内冬至糕
十二月廿四糖年糕

定胜糕，是上海人宠爱的糕点之一。象征财富的元宝形状，惹人喜爱的玫红倩影，米粉糕体，豆沙馅芯，蒸软了吃，甜甜糯糯的。定胜糕不仅是一种食物，更是作为一种礼俗而存在。乔迁新居之喜，祝贺寿辰之时，上海人总喜欢把它当主角，取其高高兴兴，健康长寿的寓意，把定胜糕有款有型地堆起来，供在桌上。乔迁、寿者之家也会把定胜糕分送给他人，与亲戚朋友一起分享喜悦。

在上海，农家造屋是件大事，房屋建成上梁时流传着一种“抛梁”的习俗。新屋上梁，必须选定吉日良辰。先放炮仗，震耳欲聋的鞭炮声吸引周边邻里都聚到这户人家的新楼下，盖房师傅们从梁上把主人准备的馒头、糕团、糖果抛下来，众人争相取食，糖果糕点撒向哪里，人们就拥向那处，欢声笑语，热闹非凡。据说吃这样的馒头、糕团为大吉大利，新屋落成后日日兴隆、年年昌盛。这些抛下的糕团中，绝对也少不了定胜糕。接住从楼上抛下的定胜糕，撕开包裹的纸，品尝的不仅是温热、绵厚的口感，还有那份欢乐喜庆的滋味。

为什么把定胜糕做成银锭的形状，薛理勇在其《点心札记》里描述了一个有趣的故事：南宋初年，韩世忠率军在太湖一带阻击陆续南下的金兵。苏州百姓送给韩世忠军队几筐形似定榫的糕，有些糕里夹着纸，上书：“敌形像定榫，头大细腰身。当中一斩断，前两头勿成形。”这是百姓向韩世忠通报敌情，于是韩世忠重新布兵，从中路切断敌军，并获得重大胜利。韩世忠又改“定榫”为“定胜”即必胜之义。这是一个有趣的故事，不过我以为“胜”有克服、压制战胜之义，“方胜”是道教或中国风俗中常见的法器和吉祥图案，在现在还常见，相当于两个重叠的菱形，故又称“双菱”，如将该造型中的“菱形”改为“锭形”，就成了“定胜”，它既是降妖降魔的法宝，也与银锭一样，是象征财富的元宝。沈嘉禄在其《上海老味道》中也描述了定胜糕：“清明与太太到杭州南山祭扫父母墓，下午来到河坊街散心，看到点心铺子的临街柜台在现蒸现卖定胜糕。小小的木模，每只蒸一枚，加米粉，加豆沙馅，再罩一层米粉，手脚极快，表演性很强。等师傅脱了模，我还看到底下藏着一块有孔的铝皮，是引导蒸汽的，煞是可爱。在一处摊头上我还看到一幅旧时风俗画，记录了小贩蒸定胜糕的情景，并录有一首竹枝词：‘玫瑰夹沙小甑糕，雪白粉嫩滋味高，状如定榫两头阔，中间挤出馅一包。定榫两字名目好，昔人做成糕甄巧，儿童欲将线板呼，买得糕来要将布线绕。’定胜糕与绕线板倒真有几分相似呢。”

定胜糕

在上海的糕团老字号里，定胜糕要数乔家栅的最出名。《上海通志》中记载：“乔家栅。有上海乔家栅和乔家栅食府，分别在中华路 1460 号、襄阳南路 336 号。清光绪十九年，李一江自制糕团叫卖，后在乔家栅路建永茂昌汤团店，1935 年改名乔家栅。上海沦陷后，业务清淡。1939 年，王汝嘉以 1 000 元购买招牌，在今襄阳南路建店，1940 年开业，称乔家栅食府。1956 年，乔家栅路老店迁老西门今址。乔家栅汤团皮薄均匀，肉馅汤多鲜美无筋渣。擂沙圆子浓香扑鼻，软糯可口。两店均设工场，生产供应品种五十多种。”经历了一个多世纪的风风雨雨，乔家栅既继承和发扬了传统的技术精华，又融传统、创新、引进于一炉。许多传统品种和创新品种曾多次荣获国家商业部金鼎奖、上海市优质产品，上海名特小吃、中华名小吃等荣誉称号。如今的乔家栅，在上海大街小巷开出了许多连锁店，百年老店面向工薪阶层，服务普通大众，各种点心小吃深受广大市民的喜爱。大凡做寿、过生日、乔迁，人们都要选购“乔家栅”的寿桃寿糕，逢年过节更是忘不了“乔家栅”——春节的“八宝饭”、“松糕”、“桂花糖年糕”，元宵节的“汤团”，清明节的“青团”，端午节的“粽子”，重阳节的“重阳糕”等。

重阳糕是因重阳节习俗而诞生的糕点。重阳的饮食之风有饮茱萸、菊花酒，吃菊花食品，还有最有名的就是吃糕。糕在汉语中谐音“高”，糕是生长、进步、高升的象征。

重阳节吃糕的习俗历史悠久。《西京杂记》记载，汉代已有九月初九吃“蓬饵”的风俗，“蓬饵”即最初的重阳糕。六朝时期登高古俗得到光大，重阳节俗形成，糕类自然成节令食品。唐时重阳食糕习俗流行，称“麻葛糕”。在宋代，吃重阳糕之风大盛，已改称“重阳糕”。明清时，登高所吃的糕，也颇有讲究，用麦面做饼，点缀枣栗，称之为“花糕”。如今，我国各地吃重阳糕的习俗依然盛行。在重阳前几天，上海的各点心店便开始做重阳糕，重阳糕的花色很多，其制作和吃法都有讲究，一般是将粳米和糯米按比例混合浸泡，研磨成粉，用米粉和辅料蒸制而成。当今的重阳糕，仍无固定品种，在重阳节吃的或互相馈赠的松软糕类都可以叫做“重阳糕”。重阳糕有一个明显的特征——“上插剪彩小旗”。薛理勇《点心札记》：“在我的记忆中，上海的许多糕团店在重阳时供应的糕上都会插一杆用细竹为杆，用蜡光纸剪成三角形的小旗，这对许多小孩有强烈

重阳糕

汉代已有九月初九吃「蓬饵」的风俗，「蓬饵」即最初的重阳糕。
六朝时期登高古俗得到光大，重阳节俗形成，糕类自然成节令食品。
唐时重阳食糕习俗流行，称「麻葛糕」。
在宋代，吃重阳糕之风大盛，已改称「重阳糕」。
明清时，登高所吃的糕，也颇有讲究，用麦面做饼，点缀枣栗，称之为「花糕」。
如今，我国各地吃重阳糕的习俗依然盛行。

的诱惑力，吵闹着要母亲买重阳糕。”郑逸梅的《民国老味道》：“又每年重阳，称为登高节，都市没有可登的山丘，便吃此重阳糕，糕与高谐音，吃了糕，就算应了节令了。这种糕，小小的方块，每块插上彩色的小纸旗，我儿时对此很感兴趣，因糕可以吃，旗可以玩，一举双得了。”在重阳糕上插重阳旗的源头可追溯到唐朝，李朋主编的《饮食文化典故》中记载：“从唐朝起，重阳糕上要用竹签插重阳旗，这种小旗以五色纸缕为花纹，中嵌‘令’字，取吉庆之意，并点蜡烛灯，这大概是用‘点灯’‘吃糕’代替‘登高’的意思，用小纸旗代替茱萸。”

由于“九九”和“久久”同音，有长长久久的含意，因此有令人长寿的说法，1989年，我国把九月初九定为“敬老节”，添加了敬老的内涵，重阳节有了更深远的意义。

崇明糕，是崇明岛的特色糕点之一，距今有近千年的历史。历朝《崇明县志•风俗卷》均有记载：“元旦（旧时元旦谓正月初一）燃爆竹，啖年糕。”《崇明竹枝词汇抄》里也有“蒸糕做酒过新年”的吟唱。上海文化出版社出版的《民俗上海•崇明卷》中亦有记载：“每逢岁末年终，家家户户蒸年糕。”起先，崇明糕是岛上农民过年时向灶神祈福的食品，祈求这座小岛风调雨顺、人寿年丰、生活越来越好。因其选料讲究，香甜软糯，崇明糕越来越受到岛上居民的喜爱，并逐渐在长三角流域声名远扬。“有钱没钱，蒸糕过年”，这是崇明旧时乡间的一句民谚。崇明岛居民过年时蒸糕的民间习俗一直延续至今。

崇明糕沿用了几百年传承的传统技艺制作而成，这种传统制作技艺被列入上海市非物质文化遗产项目。每当新春佳节来临之时，农家的老土灶升起袅袅炊烟，高高的大蒸笼溢出阵阵米香，香甜诱

崇明糕

有钱没钱，蒸糕过年。

吃了撑腰糕，
腰板硬朗身体好，
一年到头毛病少。

元旦（旧时元旦谓正月初一）燃爆竹，啖年糕。

二月初二，祀土地神，吃撑腰糕。

——《崇明县志·风俗卷》

崇明糕

人的崇明糕给寒意十足的冬天带来了浓浓的暖意。做崇明糕的第一步是选米。选用优质的糯米和粳米，这样做出来的糕才够香，够滑，更有嚼劲。将糯米和粳米以 7 ∶ 3 的比例混合，浸泡一夜，使其吸收足够的水分。第二步是打粉，打粉有讲究，粉要磨得细，崇明糕才软糯好吃，但粉越细越不容易蒸熟、不容易把握火候。将粉放在机器反复打几遍，并用手指检验细腻程度。第三步是和料，将米粉、白糖和馅料充分搅拌混合，这一步要有足够的耐心才能让整块糕的每个部分味道一致。最后一步是蒸制，也是最考验功力的一步。将搅拌好的米粉放入蒸笼，不可太满，否则会影响蒸熟。蒸汽从米粉的空隙间自下往上。蒸熟一层再放一层，特殊的层层蒸熟的方法和特制米粉形成的天然空隙，使崇明糕有独特 Q 弹软糯的口感。即将出锅前，盖上纱布，让整个崇明糕充分受热、熟透即可离火。刚出炉的崇明糕不能用刀切，厚厚的糕体会让切刀陷入绝境。可用结实的棉线切下几块解解馋。中国人的食物最讲究新鲜两字儿，带着蒸汽余温的崇明糕，带给人们的不仅仅是美味，还有过年的欢乐。

传统的崇明糕一块大约十五至二十千克，随着人们观念的转变，小笼的崇明糕越来越受到人们的追捧。按照崇明习俗，年糕要吃到农历二月初二，俗称“撑腰糕”。《崇明县志・风俗卷》：“二月初二，祀土地神，吃撑腰糕。”祖上传下来的老话：“吃了撑腰糕，腰板硬朗身体好，一年到头毛病少。”崇明糕不仅是一种年节美食，更是一份美好的希望和祝愿。

农历正月十五是元宵节，新年的第一个月圆之夜，于是，元宵登场了。

元宵即汤团，以芝麻、豆沙、核桃、枣泥等为馅，用糯米粉搓成圆球形，可荤可素，风味各异，可汤煮、油炸、蒸食。元宵形如满月，寓有团圆、幸福、美满之意。

《饮食文化典故》介绍元宵节饮食文化：元宵作为食品，可能始自宋代，当时民间流行一种元宵节吃的新奇食品，最早叫“浮元子”。宋末元初时，汤圆已成为元宵节的应节食品，到明朝才改成“元宵”，每家做元宵，煮元宵。当时的汤圆又称“汤圆子”“乳糖圆子”“汤丸”“汤团”，生意人则美其名曰“元宝”。

南方人吃汤团，北方人吃元宵，同样是糯米制品，同样是裹了馅后水煮，叫法和制作方法却各不相同。

中国北方做元宵叫“滚元宵”，过去，每逢元宵节、在北方的大街小巷上，就有商贩架起直径一米多长的大簸箩，热火朝天地滚元宵。具体做法是：把芝麻、花生或豆沙、山楂、各类果料等和上糖做成馅、切成骰子块（或团成小丸子）晾干，蘸上水，用簸箩盛糯米粉。把蘸了水的小丸子放在里面，反复滚动，糯米粉就不断地黏到馅上，再撒少许水，反复滚黏成为一个个比鸡蛋小一些的圆球，元宵就滚成了。

汤　团

南方的汤团，则是包制。选用优质糯米粉加温水调制成粉团后揉匀，截成小块，每一小块糯米粉团捏一个深窝，放入配制的馅料，逐一收口搓圆。该汤圆的优点是色白如雪，皮薄馅大，香甜滑润，糯而不黏，食用方便，经济实惠。但是包制后要及时食用，若要储存必须冷冻，否则容易黏连破损、开裂。

现代人工作繁忙，大多都不再自己滚元宵。相比之下，南方人在元宵节更愿意自己动手包汤团。汤团象征着节日喜庆和欢乐，寓意全家的团圆、生活的美满，寄托着对未来美好生活的期望。

沈嘉禄《上海老味道》：“上海的汤团，以前城隍庙有两大流派，一是徽派汤团，以庙门口的老桐椿为代表。鲜肉汤团一咬一口肉汤。一是宁式汤团，当然由庙旁边的宁波汤团店执牛耳了，猪油黑洋酥汤团最有人缘。当年卓别林来上海观光，由上海本土笑星韩兰根陪同游玩了城隍庙，流连之际，东道主请他吃宁波汤团。卓别林胃口也好，一口气吃了三碗，抹抹嘴巴问韩兰根：弹丸大的团子，馅心是怎么放进去的。韩兰根故作神秘地说：这是我们中国人的独门秘技，恕不奉告。卓别林听了哈哈大笑。如今，宁波汤团店归在松运楼的名下，但老字号的招牌还高高悬挂着。”

上海还有一种擂沙团的传统名点，已有七十多年的历史。百度百科这样描述旧时上海制作擂沙团的方法：先用一只内壁带有棱形纹路的缸瓦土沙盆，再用一支质地坚硬的石榴木作为磨粉浆的“擂浆棍”，往沙盆中放入炒香的干豆，如花生、芝麻或黄豆，干磨出碎末粉状的“香沙”；最后，煮熟的汤圆在“香沙”里滚来滚去，于是粘粘的糯米丸子粘满了盈香扑鼻的“香沙”，上海人将汤团上粉的动作称作“擂”，这款点心就叫作“擂沙团”了。

如今的擂沙团选用崇明大红袍赤豆，煮熟后磨成沙，晒干即成紫红色的粉末。再用筛子筛过，使豆沙更加细腻。将包有鲜肉或豆沙、芝麻等各式馅心的熟汤团沥干水分，滚上一层豆沙粉就成。擂沙团既有汤团的美味，又有赤豆的芳香，冷热食用皆宜，携带方便，别具特色，深受食客们的喜爱。

擂沙团

擂沙团

关于擂沙团的来历，有两种说法。其一，相传在清朝末年，上海三牌楼附近的雷老太以设摊卖汤团为生，但是，当时的汤团只可现做现卖，且不能久放。雷老太于是想尽了各种方法试图改良汤团和携带不便的缺陷。她尝试过在汤团表面滚上一层糯米干粉，又试过其他的各类干粉。最终，雷老太发现赤豆粉的效果最佳。滚上赤豆粉的汤团深受人们喜爱，雷老太的生意也是越发红火。其二，《民俗上海》黄浦卷中记载擂沙团由上海乔家栅点心店创制。乔家栅老店从做汤团起家，以“擂沙团”闻名沪上。创始人姓李，安徽人，混号小光蛋，起初挑一副汤团担在城厢内串街走巷，后设摊于乔家小弄栅门旁，故称乔家栅。擂沙团是乔家栅的看家名点。

擂沙团和京津地区的传统小吃驴打滚十分相似。“驴打滚”的原料有大黄米面、黄豆面、澄沙、白糖、香油、桂花、青红丝和瓜仁。

它的制作分为制坯、和馅、成型三道工序。做好的“驴打滚”外层黏满豆面，呈金黄色，豆香馅甜，入口绵软。自号“馋人”的唐鲁孙在《唐鲁孙谈吃》中有一篇《南方的驴打滚》，记录了20世纪30年代他陪红豆馆主溥侗在上海过春节的旧事。他们去乔家栅吃汤团，乔家栅的老板跟唐鲁孙认识，就另外送了一盘擂沙团。溥侗连进三枚，大呼好吃，并以为这个就是南方的“驴打滚”。从唐鲁孙这篇文章的描述来看，擂沙团由乔家栅点心店创制的说法似乎更可信一些。

说到擂沙团，你可能还会想到另一种上海名点——鸽蛋圆子。

鸽蛋圆子外形如鸽蛋，小巧玲珑，糯米滑润、冷而不硬、糯而不黏，咬开皮子，即有一股清凉爽口的薄荷汁水溢入口中，香甜清凉。看似小小的圆子，做起来可有大诀窍。鸽蛋圆子由水磨糯米粉包裹糖油馅心而成，馅心的制作是关键。先把白糖熬成糊状，不能太老，也不能过嫩，适当之时加入薄荷香精调味，不停地翻炒至完全冷却，糖油馅心就完工了。包好的圆子入锅煮熟后馅心就成了液体状，圆子出锅后必须马上用冷水冷却，以确保馅心不结成硬块，因此鸽蛋圆子有一绝，咬开后里面的糖水会流出来，即使是冬天也是如此。

相传这种奇特的鸽蛋圆子是20世纪30年代由一个名叫王友发的小贩创制。沈嘉禄在《上海老味道》中这样写到：“这个王友发是一个跷脚，在松江一家皮鞋厂里当学徒，后来不甘心一辈子做一个小皮匠，就跑到城里来谋生。那么做什么生意呢？好在城隍庙人流大，逢到庙会时更加热闹，是块做小生意的宝地。而他的祖上是苏州人，所以王友发对甜食制作略懂皮毛。一开始他做花生糖、枣子糖、糖山楂等提篮叫卖。冬天生意倒也可以，到夏天，糖品在高温环境下容易融化。于是王友发就试制了鸽蛋圆子，在家中做好后每天清早出门提篮叫卖，并穿梭于茶楼书场，五枚铜板买三枚。客

鸽蛋圆子

人一试，软糯适口，妙的是有股薄荷糖喷射在口腔里，在大热天吃令人神清气爽，一时哄传，生意奇好。”

如今，这款名小吃在宁波汤团店有卖，鸽蛋般大小的圆子放在盒子里，上面撒了几粒白芝麻，下面垫一张碧绿的粽叶，看着也赏心悦目。

“清明寒食好，春园百卉开。”青团是清明时节最好的寒食。

所谓寒食，就是在清明的时候，只吃冷食，以祭奠先人。相传春秋时，晋文公流亡列国，介子推曾割腕股帮助文公。文公复国后，介子推不求利禄，与母亲隐居绵上（今山西介休东南）山中。传说文公焚山以求，介子推终不肯出，抱树而死。晋文公下令介子推焚死之日禁火寒食，以寄哀思，后相沿成俗。

徐达源《吴门竹枝词》：“相传百五禁厨烟，红藕青团各荐先。熟食安能通气臭，家家烧笋又享鲜。”薛理勇《点心札记》：“中国是特别讲究‘孝’的国家，‘孝’的形式有许多。而对祖先的祭奠也是‘孝’的形式和制度。风俗规定，除了特定的日子外，每月的初一和十五都应该祭祀祖先，每当有新的物产上市时，必须先用于祭祖，然后方敢生人食用，叫做‘荐先’或‘荐鲜’。‘荐先’以后的青团还是活人的口福，于是，青团就成了清明的节令食品。”

传统的青团制法：将糯米粉和粳米粉按所需比例混合后，用温水拌和，上笼蒸熟，再打烂成粉团，加入艾青打烂后榨取的青色汁，打匀后加少量碱水，再边打边加入适量开水，至硬度适中为止，其后包入豆沙或其他馅料，做成一定大小的圆球状。表面涂一层熟油以防相互黏连，使其呈有光泽的青绿色。青团用的青，过去都是以艾草为原料，艾草是野生植物，江浙一带也叫黄花艾，草本植物，叶片毛茸茸的，呈淡绿色，如菊花一样一叶分五叉。揪断了叶片，可闻到一种辛辣的清香，当时在农村随处可见，人们也喜欢顺手摘一些艾叶回家，挂在家门口用于驱除邪气。如今，在上海这样的大城市，清明时节青团供不应求，不值钱的艾叶变得十分珍贵，艾草原料难寻，上海的青团原料大多用麦叶来代替，麦叶经过加工取其青色，上海郊区有农民专门根据商家订单种植麦子。用麦青做青团色泽稍淡，但香气也十分浓郁。沈嘉禄的《上海老味道》记录了浦东川沙地区在清明节做的另外一种团子，名叫艾麦果。团子与青团相仿，只是实心无馅。还有一种加了麦青汁的糯米粉印糕，脱了模后再上笼蒸，形状有方有圆及异形的，上面的图案或是一只蝴蝶、一条鱼，或是一只硕大的寿桃，桃上还有字：福寿安康，充满了民间意趣。一般是上坟时叠成三层祭祖，然后分给孩子吃。

青糰

清明寒食好，
春园百卉开。

青　团

一到清明节，上海各家点心店都开始做青团，青团以沈大成出品的最佳，色泽翠绿鲜亮，吃口软糯，馅心细腻。沈大成是深受上海人喜爱的糕团老字号。《上海通志》载，“光绪六年（1880 年），沈大成开业。”周三金所著《上海老菜馆》，对沈大成的历史叙述更为详细。当年，一位名叫沈阿金的无锡人在上海开了一家沈大成粥店，几年后，鉴于做糕团更容易赚钱，他用第一桶金在汉口路开设了沈大成糕团店。1924 年，沈老板的儿子沈子芳子承父业，将糕团店搬到了南京东路浙江路口。沈家父子善于经营，糕团品种多，点心味道好，二十世纪 30 年代，沈大成就已享誉海内外，成为上海著名的糕团店。

沈大成注重选料，制作精细，糕团品种很多。除了青团之外，寿桃、寿糕、桂花条头糕、双酿团、金团等品种都享有盛名，口碑甚佳。条头糕，上海人最常吃的糕团之一。柔软而富有弹性的白色糯米皮，包裹着玫瑰细沙的甜蜜馅料，揉成细细的长条状，再用刀将长条糯米团切成一段一段。蒸制后，在白色外皮撒上几朵金黄色的糖桂花。软糯的粉团伴着细腻的豆沙，糯米的香味邂逅桂花的清香，迫不及待地咬上一口，香糯不黏牙，清甜而不腻。在花色繁多的糕点中，朴实无华的条头糕如一股清流般地存在，久盛不衰。沈大成的金团也可谓大名远扬，金团的白糯皮外面裹着金粉，里面是花生与芝麻磨成的细粉，咬下一口，甜香四溢。双酿团也颇受青睐，外面裹着椰丝，里面的馅一半是豆沙，一半是芝麻，入口滑润香浓，别有风味。

除了这些时令年节里备受追捧的糕团之外，还有一些传统特色糕团也是上海人心中永远的甜蜜丸。

海棠糕，上海传统特色糕点。因糕形似海棠花而得名，据说创制于清代。海棠糕的外层是面粉胚，里面是豆沙馅，在特制的模具中烘烤而成。做海棠糕的师傅都有一副特制的海棠糕模子，由紫铜制成。做糕时，师傅先将稀面浆倒进模子里，刮上豆沙，用竹扦翻

海棠糕

到底下，上面撒些红绿丝，再用另一个模板盖上，反复烘培片刻就可以出炉了。刚出炉的海棠糕，表面撒着饴糖，呈咖啡色，还加了果丝、瓜仁、芝麻等五色点缀，一个个海棠糕宛如朵朵花儿竞相绽放。由于用了似海棠花形的模子，所以诞生了这样的“美人胚子”。迫不及待地咬上一口，发酵的面浆略带点酸味，边脆里嫩，香甜软糯。吃海棠糕是一种乐趣，看店里的师傅做海棠糕又是另外一番趣味。可如今，能与海棠糕邂逅的机会越来越少，海棠糕和古镇才是标配，在城隍庙、邵稼楼、新场古镇这些地方能找到它们的身影。

桂花拉糕，上海特色糕类美食。以绿波廊酒家出品的桂花糕最出名。绿波廊的点心在沪上独树一帜，堪称一绝，是上海点心的代表，素以小巧玲珑、色调高雅、造型清新、口味丰富、集诸家精髓于一体而著称。眉毛酥、萝卜丝酥饼、枣泥酥、香菇菜包、桂花拉糕等无不色香味形俱佳，令无数美食家倾倒。

桂花拉糕

绿波廊的糕团点心里最著名是桂花拉糕，色泽玉白，香甜糯滑。制作时先将白糖用热水溶化，倒入糯米粉中调制成糊状，放入涂过油的盘内，上笼蒸熟，冷却后撒上白糖、桂花，切成小块即成。口味绝佳的桂花拉糕必定是黏盘子、黏筷子却不黏牙，关键在于食材的选用和配比。据说，绿波廊的研发团队选了七八种糯米粉和四五种糖桂花，才最终决定桂花拉糕的两款主要原料。糖、水、糖桂花和糯米粉的配比是秘方。拉糕蒸好后如何食用也是有讲究的，这倒是绿波廊乐意公开的奥秘。蒸好趁热吃，完全达不到预想中的口感；放冰箱冷却，造型能保证，口感却差了一口气。研发团队在尝试了热食、温食后，最终发现，原来这款点心要冷吃才能达到“滑软油润、软糯甘饴，甜而不腻、清香袭人”的境界。那么，究竟要冷却多久？师傅们从一个小时开始尝试，试到第八个小时，入口味道最佳。如此诞生的桂花拉糕成为了绿波廊极具代表性的一道名点。

说到桂花拉糕，不得不提美国总统克林顿的趣事。克林顿访华前早已苦练多时筷子的使用技巧。然而，一道桂花拉糕的出现却难住了他，试了三副筷子才成功夹住了软糯白嫩的糕点。但更令克林顿意想不到的是，这看似黏黏软软的拉糕，进入口中却变得又爽又滑，不黏牙齿，两颊还隐隐散出微微酒香，细细品尝后更有淡淡桂花香。除了克林顿，绿波廊曾先后成功地接待英国女王伊丽莎白、日本首相竹下登、冰岛总理、西哈努克亲王、澳大利亚总理等几十余位外国元首级贵宾及无数中外名流，受到交口称赞。绿波廊，似一颗灿烂的明珠在上海餐饮界发出耀眼的光芒。

叶榭软糕，是颇具地方特色的糕类点心。上海的松江区有个叶榭镇，三国时期，叶榭一带的农业就已十分发达，主要农作物是水稻，唐代以后，叶榭成为“松江薄稻”的重要产地。叶榭人的饭桌上，

葉榭軟糕

宾鸿飞处白云垂，倦向山村寄一枝。叶榭软糕张泽饺，临风怅触几番思。

自然少不了米制品，叶榭软糕是其中特别的一种。

追溯叶榭软糕的历史，距今有四百多年。康熙二十六年，《张泽小志》中有诗：“宾鸿飞处白云垂，倦向山村寄一枝。叶榭软糕张泽饺，临风怅触几番思。”后来，这种叫人思念的吃食一度因质量退步而衰落。到了清咸丰年间，叶榭人重起炉灶，增添配料，改进制作工艺，软糕再享盛名。

叶榭软糕究竟有啥特别之处？记者徐璐明在2012年的《文汇报》曾刊登过一篇采访叶榭软糕的传人顾火南的文章，文中详细记录了叶榭软糕的制作过程。记者在顾师傅那里第一次见识了这种舌尖上的上海“非遗”。看是看不出名堂，方方正正一块，面上嵌了层豆沙馅，甚为普通；咬上一口，感觉来了——口感松软有弹性，比年糕易嚼，又比糯米团子饱满，还不黏牙；那层豆沙馅微甜、不腻；没有浮夸的香料味，若隐若现的米香在口中缠绕，清清爽爽，是“天然去雕饰”的味道。

叶榭软糕的独特口感、奥秘都在其特殊的制作方法之中。第一步是浸泡，粳米和糯米磨粉之前，要在缸里泡上 7 天。泡水是为了让米发酵，去酸，用这样的米粉做糕，味道才正宗。泡米的水天天要换，冬天气温低，米的发酵速度放缓，因此冬天就要泡上整整一个月。第二步是磨粉。粳米与糯米的搭配比例是关键，一般的米糕用糯米粉做，就算添些粳米粉，也只是“配角”，而制作叶榭软糕，粳米是绝对的“主角”。顾师傅以 9 比 1 的比例将粳米粉和糯米粉混合，加进少许白糖和水。加水的功夫也十分讲究：加多一分太黏，加少一分太干；水加得恰到好处，软糕才松、香、肥、软，不硬不烂，糯而不黏。第三步是筛粉，叶榭软糕的制作方法非常奇特，不是将米粉揉捏成团再分作小块，而是用筛子筛！做糕时，师傅将混合了水和糖的米粉放在筛子里，而后一点点筛入蒸格；第四步是蒸制，蒸格填满米粉后，放各色馅心，然后送进老木箱里隔水蒸 20 分钟。松江做软糕的店铺不少，但如今仍在按照这种古法做糕的，已所剩无几。

端午节是我国古老的传统节日，始于春秋战国时期，至今有两千多年的历史。端午食粽是中国人民的传统习俗，端午节与纪念屈原联系一起后，便有了包粽子是祭吊屈原之说。据《史记·屈原贾生列传》记载，屈原是战国时期楚怀王的大臣。他倡导举贤授能，富国强兵，上奏联齐抗秦，遭到贵族子兰等人的强烈反对，被赶出

粽子

端午食粽是中国人民的传统习俗。

古时包粽子用黍米，
春秋时期，用菰叶（茭白叶）包上黍米，包成牛角形状，称为『角黍』；或用竹筒装米密封烤熟，则称为『筒粽』。
东汉末年，草木灰水浸黍米，因水中含碱，用菰叶包黍米煮熟后就成了广东碱水粽。
晋代，粽子被正式定为端午节食品。这时，包粽子的原料除米外，还添加了中药材——益智仁，煮熟的粽子称『益智粽』。
南北朝时期，粽子的品种增多，出现了杂粽，米中掺板栗、红枣、赤豆等。
唐代，粽子的用米更为考究，粽子的形状出现锥形、菱形等。
宋代有以艾叶浸米裹成的『艾香粽』，苏东坡有诗句：『时于粽里见杨梅。』
元代，粽子的包裹料已从菰叶变为箬叶，突破了菰叶的季节局限。
明清时期，出现了用芦苇叶包的粽子。馅料已出现豆沙、猪肉、松子仁、胡红枣等，品种更加丰富多彩。

时至今日，我国各地的粽子更是千姿百态，风味多样。
北方的粽子以甜味为主，南方的粽子甜少咸多。

上海的粽子多为三角形，有豆沙、鲜肉、火腿、蛋黄等多种馅料，
其中鲜肉粽子最受欢迎。
还有一些特色的粽子，如清真洪长兴的粽子，
特别是『牛肉粽』，别具风味。
素斋风味的功德林香菇粽、豆板粽、豆沙粽、赤豆红枣粽、
松仁白米粽和罗汉粽，均以素食为特色。

都城，流放到沅、湘流域。他在流放中，写下了忧国忧民的《离骚》、《天问》、《九歌》等不朽诗篇，影响深远。公元前278年，秦军攻破楚国京都，屈原眼看自己的祖国被侵略，心如刀割，于五月初五，写下了绝笔作《怀沙》之后，抱石投汨罗江而死。传说屈原死后，为蛟龙所困，楚国百姓哀痛异常，纷纷到汨罗江边去凭吊屈原。有位百姓拿出为屈原准备的饭团、鸡蛋等食物，“扑通、扑通”地丢进江里，说是让鱼龙虾蟹吃饱了，就不会去咬屈大夫的身体了。人们见后纷纷仿效。后来为怕饭团为蛟龙所食，人们想出用楝树叶包饭，外缠彩丝，这就是最早的粽子雏形。

古时包粽子用黍米，春秋时期，用菰叶（茭白叶）包上黍米，包成牛角形状，称为“角黍”；或用竹筒装米密封烤熟，则称为“筒粽”。东汉末年，草木灰水浸黍米，因水中含碱，用菰叶包黍米煮熟后就成了广东碱水粽。到了晋代，粽子被正式定为端午节食品。这时，包粽子的原料除米外，还添加了中药材——益智仁，煮熟的粽子称“益智粽”。南北朝时期，粽子的品种增多，出现了杂粽，米中掺板栗、红枣、赤豆等。同时，粽子还被当作礼品，用于人情往来。唐代，粽子的用米更为考究，粽子的形状出现锥形、菱形等。宋代有以艾叶浸米裹成的的“艾香粽”，苏东坡有诗句：“时于粽里见杨梅。”到了元代，粽子的包裹料已从菰叶变为箬叶，突破了菰叶的季节局限。明清时期，出现了用芦苇叶包的粽子。馅料已出现豆沙、猪肉、松子仁、胡红枣等，品种更加丰富多彩。

时至今日，我国各地的粽子更是千姿百态，风味多样。北方的粽子以甜味为主，以北京粽子为代表，个头较大，三角形或斜四角形的糯米粽。农村地区还流行制作大黄米粽，黏韧而清香，别具风味，多以红枣、豆沙、果脯为馅心。南方的粽子甜少咸多。如有“江南粽子大王”之称的五芳斋，鲜肉粽四季供应，它的粽子从选料、制作到烹煮都有独到之处。挑选上等白糯米，精选猪后腿肉，并在瘦肉内夹进块肥肉，粽子煮熟后，肥肉的油渗人米内，用筷子分夹四块，入口鲜美，肥糯不腻。浙江宁波的粽子为四角形、有碱水粽、赤豆粽、红枣粽等品种。碱水粽是颇具特色的代表品种，在糯米中加入适量的碱水，用老黄箬叶裹扎。煮熟后糯米变成浅黄色，可蘸白糖吃，清香可口。广东粽子是南方粽子的代表品种。广东粽子与北京粽子相反，个头较小，外形别致，正面方形，后而隆起一只尖角，状如锥子，品种较多。除鲜肉粽、豆沙粽外，还有蛋黄粽，以及鸡肉丁、鸭肉丁、叉烧肉、冬菇、绿豆等调配为馅的什锦粽，风味更佳。闽南厦门、泉州的烧肉粽、碱粽皆驰名海内外。烧肉粽精工巧作，糯米必选上乘，猪肉择三层块头，先卤得又香又烂，再加上香菇、虾米、莲子及卤肉汤、白糖等，吃时随调蒜泥、芥辣、红辣酱、萝卜酸等多样佐料，香甜嫩滑，油润不腻。台湾粽子带有浓厚的闽南风味，品种甚多，有白米粽、绿豆粽、叉烧粽、八宝粽、烧肉粽等。烧肉粽最为流行，它的“内容”丰富，包括猪肉、干贝、芋头、蛤干、咸鸭蛋黄等，成了终年可见的传统小吃。海南粽子，由芭蕉叶包成方锥形，重约半公斤，糯米中有咸蛋黄、叉烧肉、腊肉、红烧鸡翅等，热粽剥开，先有芭蕉和糯米的清香，后有肉、蛋的浓香。香浓淡兼有，味荤素俱备。四川粽子则充分体现了川人嗜辣的食风，所以粽子也有甜辣之分，四川的辣粽，因制作讲究，工艺复杂，其口味当然独特，故成为四川千古流传的名点小吃之一。其他较为著名的粽子还有西安的“蜂蜜凉粽”、两湖的“辣粽”、贵州的“酸菜粽”、云南的“火腿粽”、苏北的“咸蛋粽”等。

每逢端午日子将临之时，上海的弄堂必缭绕着一股淡淡的粽叶香，家家户户都是一番忙碌的景象：晒粽叶、淘糯米、切肉块、浸酱油、包粽子，煮粽子。上海人在端午节吃粽子的习俗的历史也十分悠久，清乾隆《上海县志》载:“五日午时,缚艾人,采药物,食角黍浮菖蒲、(饮)雄黄酒。”上海的粽子多为三角形,有豆沙、鲜肉、火腿、蛋黄等多种馅料,其中鲜肉粽子最受欢迎。选用上等白糯米,精选猪后腿肉,常在瘦肉内夹一块肥肉,粽子煮熟后,五花肉肥瘦相间,紧致、丰腴;酱色糯米晶莹油亮,肥润,软糯。入口大快朵颐,口齿生香。上海还有一些特色的粽子,如清真洪长兴的粽子,粽壳略青,棱角分明,外观清秀,品味纯正,特别是“牛肉粽”,别具风味。素斋风味的功德林香菇粽、豆板粽、豆沙粽、赤豆红枣粽、松仁白米粽和罗汉粽,均以素食为特色。

八宝饭是一道传统的经典点心。相传八宝饭源于武王伐纣的庆功宴会,所谓“八宝”指的是辅佐周王的八位贤士。在周武王伐纣,建立天下的大业中,伯达、伯适、仲突、仲忽、叔夜、叔夏、季随、季骗八士,功勋赫赫,深为武王和人民称誉。在武王伐纣的庆功宴会上,天下欢腾,将士雀跃,庖人应景而作八宝饭庆贺。

春节各地都有不同的饮食习俗,北方人过年少不了饺子,而在上海,家家户户都会吃香甜软糯的八宝饭,八宝饭是上海人年夜饭上的一道压轴甜点,它象征团团圆圆,寓意来年大吉大利。

看似简单的一小碗八宝饭,要做得地道并不容易。最关键的是要掌握好三个环节:米、油和豆沙。做八宝饭,最关键的是米。糯米有长糯米、圆糯米之分,长糯米米粒细长,颜色呈粉白、不透明状,黏性强。另有一种圆糯米,形状圆短,白色不透明,口感甜腻,黏度稍逊于长糯米。各家根据自己口味的喜好,按不同比例将长糯米和圆糯米混合。猪油是八宝饭最重要的食材。选猪板油切成小块,放入锅内用小火慢慢熬,雪白的板油遇热就自然会流出来,香味四溢。熬好了猪油,接下来就是做豆沙。赤豆一定要选当年的,放入砂锅

八宝饭

里加水用文火煮至酥软，裹到干净纱布里压滤出水，新鲜豆沙就做好了。备齐了三大主要原材料，就可以开始做八宝饭了。在做八宝饭之前，先在碗里铺上一张保鲜膜，或者刷上一层猪油，然后按照自己和家人的喜好摆上核桃仁、葡萄干、红枣等。随后，把蒸好的糯米饭盛出来，趁热加入白糖、猪油充分搅拌均匀，那种无以伦比的香甜就扑鼻而来。接下来，再把糯米轻捏成一个团，然后小心翼翼地放入碗里，不能弄坏碗里摆好的干果造型，轻轻往碗的四边把糯米饭按压开，再放上豆沙，最后将剩余的糯米敦敦实实地压紧，把碗倒扣入锅内，蒸熟即成八宝饭。

芮新林在《小吃大味》中这么描述小时候见母亲自制八宝饭的场景："八宝饭的制作，每一步糯柔缠绵，每一步，甜香飘心。姆妈先将煮烂的赤豆和白糖、桂花揉拌，制成豆沙馅。再将糯米浸泡后沥干、蒸煮，加以白糖、熟猪油和开水拌和，制成糯米饭。最后取一个大碗，碗内涂以熟猪油，按形状把色彩斑斓的蜜饯、蜜枣、核桃仁、瓜子仁、桂圆肉、糖莲子，在碗底排列成漂亮的图案，然后铺一层糯米饭，再夹一层豆沙馅，最后盖上糯米饭，沿碗口塌平（沪语：抹平）。八宝饭的半成品，被覆上一张油纸，放进碗橱里，静静等待着大年夜的到来。”

一碗热气腾腾、色彩斑斓的八宝饭，不仅仅是甜蜜的美食，更是一份浓浓的年味。

上海人爱吃甜食、爱糯米是不变的情怀，每次路过那些糕团老字号店，门口排队的身影总少不了“老上海们”。沈大成、乔家栅、王家沙、绿波廊、虹口糕团……这些上海人家喻户晓的糕团老字号经过岁月的洗礼，仍保留着那些享誉了近一个世纪的招牌糕团。对于年轻人来说传统糕团终究也只是点心而已，而对于那些“老上海们”，传统的糕团除去吃本身的意义，更是他们感情的寄托，童年的回忆。

用 料

主料：糯米300克，大米150克。

辅料：白砂糖65克，红枣（去核）10颗，核桃仁70克，清水230克。

制 法

1. 挑选上等崇明本地产糯米和大米，淘洗后清水浸泡30--40分钟，取出沥干水分。将糯米和大米再次淘洗沥干，静置让其自然涨松约2--3小时。
2. 将糯米和大米粉碎（外加工）。二种碎粉中加糖混合均匀，加清水轻轻搅拌均匀，用手搓碎小细粒状，然后用细筛筛去粗粉。
3. 将每颗红枣切成4小块，核桃仁也掰成4小块。
4. 蒸笼内垫上防粘垫，放在烧沸水的锅上。用勺子把混合并筛好的粉舀入蒸笼，平铺一层，放上适量的枣肉、核桃肉。同理重复上一步骤，再铺一层粉一层枣肉、核桃肉，然后再铺一层粉，用勺底轻轻地抹平表面。然后取一块潮湿拧干水分的纱布覆盖在上面，以防表面干燥。最后盖上蒸盖，用中小火蒸20分钟左右即可。

重阳糕

用 料

皮料：糯米粉 130 克、粳米粉 170 克、水 150 克。

馅料：豆沙 150 克。

辅料：油 20 克、白糖 45 克、蜜饯 10 克、红绿瓜丝 10 克。

制 法

1. 先将粳米粉、糯米粉、水、糖、油一起拌匀，再充分揉搓成松散的粉状。
2. 将搓揉后的粉静止放置，使其充分吸收水分。
3. 将粉放入筛中过筛，连续两次，使粉成细致轻盈状。
4. 取一圆形模具，垫上纱布（纱布要在水油中浸泡并挤干），将一半粉倒入后抹平，放入蒸笼中大火先蒸 5 分钟。
5. 取出模具，铺上豆沙，抹平，再轻轻倒入另一半粉后抹平。在抹平的粉表面均匀地放上各色蜜饯和红绿瓜丝。
6. 再上笼旺火蒸约 30 分钟即可。

定胜糕

用料

主料：糯米 300 克，大米 150 克。

辅料：白砂糖 65 克，红枣（去核）10 颗，核桃仁 70 克，清水 230 克。

制法

1. 先把大米粉、糯米粉和红曲粉一起拌匀，白糖用开水拌匀至溶化后待凉。
2. 把糖水和粉混合搅拌均匀，直至用手轻轻握住一团粉，使得粉能够结成块状，手松开以后，块状物落入盆中，只要轻轻一敲就能松开还原成粉状物，即可过筛。
3. 备好模具，先装入一半过筛后的粉，中间加入红豆沙，再把粉轻轻撒上填满后抹平表面。
4. 水开后上蒸锅大火蒸约 15 分钟，脱模即可。

条头糕

用 料

皮料：糯米粉 200 克、粘米粉 50 克 。

馅料：豆沙 300 克。

辅料：水 200 克、白砂糖 100 克。

制 法

1. 将糯米粉、粘米粉和糖粉混合过筛，分次加入水，用力搅捣成厚糊，依据需要，添加适量的水。
2. 容器抹油，倒入面糊，大火蒸约 15-20 分钟，趁热倒扣在抹油的保鲜膜上。
3. 隔着保鲜膜折叠糕体，揉匀至光滑无粒，然后用擀面杖擀平，卷起豆沙，用保鲜膜包起。
4. 冷藏片刻，切成 10 公分长短即可。

用 料

皮料：面粉 300 克、泡打粉 3 克 。

馅料：豆沙 100 克、猪油 50 克、熟白芝麻 10 克。

辅料：水 407 克、白糖 50 克、油 20 克。

制 法

1. 将面粉和泡打粉拌匀，加入清水，可逐步逐步加，根据面糊稠稀调节用水量。
2. 在炉子上加热海棠糕模具（特制模具），在每个糕模孔内刷上油，再各舀一勺面糊，面糊上放入一坨豆沙馅和一粒猪油，再舀一勺面糊覆盖，震出气泡，盖上铁板盖后加热至熟。
3. 加热铁板盖，在上面刷上油，撒上白糖，将白糖熬制成棕色糖油，撒上白芝麻，最后将模具内的海棠糕倒扣在铁板盖上，略加热后将海棠糕从模具中倒出，一只只分开即可。

桂花拉糕

用 料

皮料： 糯米粉 150 克、澄粉 75 克。

馅料：桂花少许。

辅料：色拉油 40 克、白砂糖 80 克、水 200 克、蜂蜜少许。

制 法

1. 80 克白糖加入 200 克温水中，搅拌至融化。加入 150 克糯米粉和 75 克澄粉，搅拌均匀至无颗粒。再加入 40 克色拉油，搅拌均匀至水油混合。
2. 把搅拌好的面糊倒入容器，静置 40 分钟，冷水入锅，水开后蒸 30 分钟，蒸好脱模。
3. 待凉后用刀蘸水切块，撒上干桂花，浇上蜂蜜水即可。

叶榭软糕

用料

皮料：糯米1250克，粳米1250克。

馅料：赤豆沙250克。

辅料：白糖750克，桂花25克，豆油5克。

制法

1. 将糯米、粳米掺和后淘净，静置（中间喷1次水）至米粒发酥，磨成镶粉，用32眼罗筛过，放在案板上，洒水约650克拌匀，再用16眼罗筛成糕粉。
2. 盆内加入赤豆沙、白糖、豆油、桂花制成重糖湿豆沙1500克。
3. 取33厘米方形蒸垫一块，上铺洁净湿布，再用特制的凹凸形刮板在糕面上挖出5.5厘米见方、3厘米深的凹坑16个，每个里面放入湿豆沙18克，再在上面筛一层薄薄的糕粉，刮平，按框架上刻定的标志，横、直各划三刀，割成7.5厘米见方的糕坯16块。另取刻有阴义图案的印花模板一块，先在阴槽内铺上糕粉刮平，并将此板覆于糕面，用小木槌轻击板底，使糕面留下糕粉图案，最后去掉印花模板及活络框架，即成方糕生坯。
4. 生糕坯、模子连同蒸垫放入笼内，上锅蒸约10分钟即成。

擂沙团

用 料

皮料：糯米粉 110 克、粘米粉 10 克、糖粉 60 克、精制油 10 克。

馅料：豆沙 100 克。

辅料：黄豆粉 50 克。

制 法

1. 将糯米粉、粘米粉、糖粉、精制油拌匀，放入 120 克水，用手搅拌均匀，至无颗粒的糊状即可。
2. 将面糊放入垫了油纸的蒸笼，加盖，用沸水蒸 13 分钟左右。
3. 取出后在面团上刷油，待凉。
4. 带上手套，将面团切块，反复搓揉至特别有弹性，并富有光泽润滑。将面团分割成每个 50 克大小的团子，用手将面团拉扯弄成扁平，越大越好，然后一勺一勺包上豆沙馅，每放一次小心按压一次（边缘不能黏上豆沙），最后一边按压一边收口，整形成圆团状。
5. 将做好的团子放入黄豆粉里滚上豆粉，取出后整形即可。

青团

用料

皮料：糯米粉 500 克。

馅料：豆沙馅 250 克，青麦叶 250 克。

辅料：菜油、麻油各少许，石灰水适量。

制法

1. 先把青麦叶去杂质、洗净，用粉碎机充分粉碎，用筛子过滤取青汁；在青汁内加入适量石灰水，充分搅拌后待其沉淀，最后将青汁倒出。
2. 将糯米粉倒在案板上，中间扒开，加入温水和青汁，揉拌均匀，然后搓透至粉团光滑并且不粘，色泽均匀。
3. 将面团搓成条状并摘成小剂子，压扁剂子包入豆沙馅，收口捏拢并搓成球状，做成青团生胚。
4. 在蒸笼内垫上湿布，将生胚整齐排放在蒸笼内，用旺火沸水蒸煮 15 分钟，至青团表面鼓起、变色，蒸熟后出笼并抹上菜油即成。

鸽蛋圆子

用 料

皮料：糯米粉 110 克、粘米粉 10 克、糖粉 60 克、精制油 10 克。

馅料：豆沙 100 克。

辅料：黄豆粉 50 克。

制 法

1. 将水磨干糯米粉 100 克加适量温水，揉匀后做成圆饼数个，放入沸水锅中煮 15 分钟捞出，泡于冷水中。其余的水磨干糯米粉搓散，加入熟糯米粉饼内，揉匀，至粉质软滑光亮并有韧性时便成皮粉。
2. 白糖放在锅中，加温水 100 克用小火熬制，待糖溶化后再熬 10 分钟左右，见糖浆中起的小泡逐渐由球形变成小珠形时，即可将锅端离火口，加入糖桂花、薄荷香精，倒在案板上拌和，再用刮刀来回不断地搅拌，至糖凝结时，再用手捏揉，搓成比筷子略粗的长条，再切成每只重约 3 克的糖粒，即成糖馅。
3. 皮粉搓成长圆条，摘成每只重 12 克的坯子，包入糖馅 1 粒，收口捏拢，搓成形如鸽蛋的圆子。
4. 锅中加水烧沸，放入生圆子，待浮起水面时，再煮 7 分钟（冬天需 10 分钟）至熟，捞出浸入冷开水中，待其冷透后再捞出沥干。白芝麻炒熟并碾成末，放在大盘中，放入冷透的圆子，逐只蘸上芝麻末，并将有芝麻的一面朝下，排放在 7 厘米宽、13 厘米长的箬壳上（每张放 8-10 只）即成。

八宝饭

用料

皮料：糯米300克、猪油100克、白糖50克。

馅料：红豆沙100克 。

辅料：红枣5颗、西瓜子仁10克、红绿瓜丝10克。

制法

1. 糯米洗净后用水浸泡24小时，沥干水分，放入笼屉大火蒸20分钟，做成糯米饭。
2. 将蒸好的糯米饭趁热倒在器皿中，放入猪油、白糖，搅拌均匀。
3. 取中等扣碗，碗底均匀抹上猪油，然后均匀撒上红枣丝（去核切丝）、西瓜子仁和红绿瓜丝。
4. 将拌好的糯米饭厚薄均匀铺于碗中，然后放上豆沙，最后用拌好的糯米饭将豆沙盖住，装满并刮平。
5. 将一碗碗八宝饭放入笼屉内蒸30分钟左右，让食材充分融合，取出后扣在盘中即可。

浦东菜肉圆子

用 料

皮料：糯米粉 300 克。

馅料：夹心猪肉 100 克、青菜 200 克、荠菜 100 克、葱姜各 10 克。

辅料：花生油 50 克、猪油 50 克、料酒 10 克、生抽 20 克、老抽 10 克、盐 10 克、味精 5 克。

制 法

1. 糯米粉中加半碗（50ml）滚水，拌匀后再加 100ml 清水和成光滑不黏手的面团待用。
2. 夹心猪肉洗净后剁成肉末，加入料酒、生抽、老抽、盐、味精和葱姜汁充分搅拌待用。
3. 青菜和荠菜洗净后汆水，捞出后立即用冷水冲凉并挤干水分。将汆水后的菜剁碎，放入布袋中控干水分，倒入盘中。在菜末中放入盐、味精、猪油和花生油拌匀待用。
4. 将拌好的夹心猪肉、青菜和荠菜，充分拌匀，制成菜肉馅料。
5. 将面团搓成条状，分成等份的剂子，按扁后包入馅料，再慢慢收口搓圆。
6. 锅中放入大量清水，煮沸后小心放入圆子，中火烧开后小火煮 8 分钟左右，待每个圆子涨大浮起即可。

鲜肉粽子

用 料

皮料：糯米 1500 克。

馅料：带皮五花肉 400 克 。

辅料：盐 20 克、味精 5 克、酱油 100 克、料酒 50 克、姜 20 克、鲜粽叶和稻草适量。

制 法

1. 糯米洗净，放置 1 小时左右，在米中加入盐、味精、酱油，充分拌匀。
2. 将猪五花肉洗净后切小块，放入姜片、料酒、酱油、味精后充分腌渍。
3. 将鲜粽叶和稻草洗净。
4. 取 2 张粽叶，排列整齐，双手配合折出三角包状，依次在三角包内放入糯米、五花肉、糯米，折叠粽叶并用稻草作绳子牢牢捆扎，最后用剪刀修去多余的粽叶和稻草。
5. 将粽子放入锅中，加水浸没粽子，用大火煮沸粽子，转小火煮 2 小时左右即可（期间要烧一会焖一会）。

饼类点心及其制作工艺

《说文解字》:“饼，面餈也。从食，并声。”“面，麦末也。”“餈，稻饼也。”由此可见，“饼”的本义是指麦和稻谷磨成的粉的总称。宋代黄朝英《缃索杂记·汤饼》:“余谓凡以面为食具者，皆谓之饼，故火烧而食者为烧饼，水煮而食者呼为汤饼，笼蒸而食者呼为蒸饼。”由此看来，在古代，用麦粉加工的食品都称为饼。

薛理勇《点心札记》:“‘饼’的本义是捏面粉，就是把适量的水注入面粉中，并把它搓成面团，捏成的面团使用不同的方法加工成不同的食品，统称为‘饼’。随着经济的发展，尤其是城市经

饼，面餈也。从食并声。
面，麦末也。
餈，稻饼也。
——东汉·许慎《说文解字》

余谓凡以面为食具者，皆谓之饼，
故火烧而食者为烧饼，
水煮而食者呼为汤饼，
笼蒸而食者呼为蒸饼。
——北宋·黄朝英《缃索杂记》

济和商品经济的发展和进步，作为商品名称使用时，这种笼统的称谓不利商业推广，于是‘饼’的分类越来越细。形成了馒头、包子、水饺、馄饨、面条等不同的称谓。”

本书中，我们将各种点心分成七大类，其中部分点心归为饼类，为避免引起误解，特将《说文解字》中“饼”的本义做了解释和说明，书中的饼类点心与古代称为“饼”的食品不尽相同。

说到葱油饼，或许你会立刻想到阿大葱油饼。

如今，正宗的老上海葱油饼可谓绝迹，其中阿大葱油饼可称得上“活化石”。阿大的葱油饼上过央视，被电视台多次采访，甚至BBC都来为他拍摄纪录片，制作成《上海之味》。

阿大葱油饼，是身残志坚的吴存根坚守了30多年的弄堂老味道。阿大每天凌晨3时起床，30多年来风雨不改。提面粉、揉面团、醒面，把醒好的面揪成一个个小面团，用手顺势一按，再重重甩在桌上，面团立刻成了长十几厘米的长条，抓一把油酥抹上面饼，再抓一小撮盐抹上，最后是一大把葱花。长条被卷起，重新成为小团，只是里面有了丰富的内容。盐和油酥并不均匀，没抹到盐的地方有面粉本身的甘甜，抹到盐的地方则咸鲜；没有油酥的地方弹性十足，有油酥的地方酥松可口。接着阿大把包裹丰富的长条面饼整齐地排列到烧热的煎锅上，一面煎，一面往饼上涂抹油。15分钟后，两面都煎黄了，香气扑鼻。阿大挪开铁板，将煎好的葱油饼整齐地排列到炉子里，盖上铁板继续烘。铁板下，九成熟的葱油饼正在进行着最后的蜕变。烘这道工序是阿大的秘方，是为了用明火将饼上的浮油烧掉，葱油饼才不会油腻。5分钟后，炉盖打开，一炉葱油饼出锅，香气弥漫，令人垂涎欲滴。

为了吃一口阿大葱油饼，通常要排队三刻钟到3个小时，为啥

葱油饼制作过程

葱油饼

要大老远、排长队来吃上这一口？大家说，这里的葱油饼有老上海的味道。阿大从来不会因为让人等得着急，就将就着做葱油饼。阿大追求的是每一个细节的极致，无论是选料、揉面、配菜、煎饼还是烘烤。有人说，从阿大身上体现的是匠心精神，是对老上海滩小吃的认真和负责，葱油饼里有满满的人情味道。

一座城里有很多故事，城市在不断地变化，有些老味道却能保留下来。或许有一天，阿大葱油饼也终将成为你我记忆里的味道，但请记住阿大和他的葱油饼，每当回忆时，或许它还能给你带来浓浓的香味。

高桥松饼，是高桥古镇著名的特产。

高桥是千年古镇，又是一个江南水乡。有人说，江南文化，如水般的温柔，充满了灵动和清秀；也有人说，江南文化，缠绵悱恻，充满了女性的韵味。这一点在高桥松饼制作技艺的传承上，得到了很好的体现。高桥松饼制作工艺精致细微、严格讲究，是高桥人民智慧、传统以及生活方式的象征，体现了明显的江南文化特色。松饼需用精白面粉制成外皮，用薄皮大粒赤豆制成豆沙，面粉中还要和入上好的猪油，再用一道道特殊工艺，精工细作，细心烘焙才能制成。高桥丰富的物产和勤劳聪明的高桥人民创造了这一方土特产品。与其他众多民间手工艺不同，制作松饼的绝活大多在妇女之间传承，体现了女性主导的平等社会价值。所以，高桥松饼及其系列食品是上海土生土长、原汁原味本帮特色的点心。高桥松饼外形美观、入口松软、老小皆宜、价廉物美，成为深受广大群众喜爱的食品和馈赠亲友的礼品。

高桥松饼的历史，可追溯到距今百余年的清光绪年间。《浦东文史》："在清末 1900 年前后，高桥北街上有一大户叫赵小其，家底丰厚，又广于交际。由于吸食鸦片，家道衰落。在其富裕时期，其妻善做塌饼当作小吃招待烟后的客人。赵妻做的饼很有特色，形小巧，又可口，受到人们的称赞，以至声名鹊起。及至赵家没落，为谋生计，赵妻专做这种皮薄、层多、颜色微黄，且松又酥、入口即化，有豆沙、枣泥等作馅的饼，提篮叫卖于茶馆、书场和烟铺，买者众多。天长日久，人们都把它叫作松饼，成为镇上著名食品而流传至今。"新中国成立前，高桥松饼已名扬四方。新中国成立后列入《中国土特产辞典》，1983 年被评为"上海市优质食品"，1985 年、1991 年两度被商业部评为全国优质产品。1988 年荣获首届中国食品博览会银奖。20 世纪 90 年代被《新民晚报》赞为"沪郊百宝"之一专版刊登。《解放日报》、《文汇报》、《上海时报》、《浦东时报》、《食品周报》、《科技杂志》和上海电视台、浦东

新中国成立前，高桥松饼已名扬四方。
新中国成立后列入《中国土特产辞典》。

1983 年被评为『上海市优质食品』。
1985 年、1991 年两度被商业部评为全国优质产品。
1988 年荣获首届中国食品博览会银奖。
20 世纪 90 年代被《新民晚报》赞为『沪郊百宝』之一专版刊登。
《解放日报》、《文汇报》、《上海时报》、《浦东时报》、
《食品周报》、《科技杂志》和上海电视台、浦东电视台等
也都曾作专题介绍和报道。

2007 年被列为『上海市非物质文化遗产名录』。
其制作技艺被载入《全国食品科技制作方法》、
《糕点制作原理与工艺》等著作发行全国。

在《中国传统食品大全》一书中被誉为上海唯一土生土长的本帮特色食品。

电视台等也都曾作专题介绍和报道。2007 年被列为“上海市非物质文化遗产名录”。其制作技艺被载入《全国食品科技制作方法》、《糕点制作原理与工艺》等著作发行全国。在《中国传统食品大全》一书中被誉为上海唯一土生土长的本帮特色食品。

《文汇报》曾刊登过一篇记者范昕采访高桥松饼技艺的传承人张玲凤和她的儿媳顾玉英的文章。据 80 多岁高龄的张玲凤回忆，1925 年，张玲凤的婆婆——高桥镇张家弄的黄金娣，改良了松饼制作技艺，开办了家庭作坊兼店铺，这就是高桥松饼老字号“周正记”。张玲凤 20 岁起学艺，得了婆婆真传。这几十年里，她在公私合营的高桥食品厂做过松饼，退休后又在自己家里做。在张玲凤家里，还珍藏着几件与高桥松饼有关的宝贝。其中两件，是一条有着 80 多年历史的高脚凳和一把年代同样悠久的铜质刮刀，这些都是当年张玲凤的婆婆做松饼时留下的，还有一样宝贝是她家三代人做松饼时各自使用的擀面杖。

高桥松饼荣登上海市非物质文化遗产名录，它的制作却已经差不多回归家庭作坊。“周正记”统共就 3 个“伙计”，“非遗”传承人周老太太张玲凤，她的儿子周亿中和媳妇顾玉英。配料、调制发面、包酥、开酥、擀皮、包馅、烘烤、冷却、装盒，做松饼的十来道工序，全在十平方米的客厅里操作，一张包上了亮闪闪铝皮的方桌是工作台，摆着面团、豆沙馅等原料和擀面杖。制作工具虽简单，制作方法却十分讲究。料怎么选得精，面怎么和得透，皮怎么擀得薄，馅怎么包得足……

高桥松饼小巧浑圆，边沿雪白、两面微黄，看不出有啥特别，待到一口咬下，这才感受到那个“松”字的奇妙。它的外皮有着格外丰富的层次，层与层之间又有一点缝隙，因而松软酥脆、入口即化，实实足足包裹其中的红豆沙，则甜而不腻。张玲凤告诉记者，自然分层、薄如蝉翼的酥皮的秘密，在于用了两种面团：水酥面团和油酥面团。面粉里和多少水、掺多少油，各家有各家的讲究，她的配置方法是：6 斤面粉 2 斤油，外加 2 斤清水，揉成水酥面团。4 斤面粉 2 斤油，揉成油酥面团。不过这只是通常情况，不同的面粉黏性、水分不同，甚至同样的面粉在不同的温度、湿度下也有所不同，这就要微调。

将一小团油酥面团嵌进一小团水酥面团当中，这叫“包酥”。接着是“开酥”——饼皮能有十多层，就在这一步。将水酥包油酥的混合面团用擀面杖擀成长舌状的扁面饼，用手卷拢再擀，然后再卷拢，再擀再卷，如是反复多次。“包馅”也有名堂：面皮封口不宜太紧，要留出一点小孔隙，这样烘烤时可以吸入空气、散出水蒸气，酥皮方能起酥。这几道松饼制作的核心工序都没法用机器代劳，尽管学会只要几分钟，若想精于此道，那可是门大学问。

如今的高桥松饼，除了豆沙馅外还有白果、枣泥和鲜肉馅，但最受欢迎的仍是豆沙松饼，为了坚持做出好吃的松饼，高桥镇上的松饼技艺传承人都坚持自己炒制豆沙。崇明的沙赤或苏北的大赤豆，是炒制高桥松饼豆沙馅最好的原料之一。炒制前，先用清水洗净赤豆，拣去坏豆和沙石，煮熟去壳，再用沙袋挤去水分变成赤豆沙，最后用白砂糖和油拌着一起在锅里翻炒成豆沙馅，直到达到内外均匀、软硬适中，才可起锅。因为豆沙货真价实且不添加防腐剂，所以，真正的高桥松饼的保存期限也很短。

高桥松饼名声在外，但质量上乘的松饼却并不那么容易吃到，因为几乎全依赖于手工制作，高桥松饼的产量非常有限。那用方形纸盒包装、上下两层一共 18 个、每个上面敲个红印章的高桥松饼，在土生土长的浦东本地人心目中，始终是难忘的味觉记忆。

无中秋可以吃月饼，而无月饼则不成中秋。时至今日，中秋与月饼已经是紧密相连不可分割了。月饼的溯源，《饮食文化典故》中记载："最初起源于唐朝军队祝捷食品。唐高祖武德年间，边寇犯境。李靖率师出征，大获全胜，于八月十五凯旋，长安内外通宵欢庆，时有吐蕃人向唐朝皇帝献饼祝捷，高祖李渊取出圆饼，手指空中明月说：'应将胡饼邀蟾蜍。'说完把饼分给群臣一起吃，后遂形成中秋吃月饼之俗。"在唐代，民间已有从事生产的饼师，京城长安也开始出现糕饼铺。据说，有一年中秋之夜，唐玄宗和杨贵妃赏月吃胡饼时，唐玄宗嫌"胡饼"名字不好听，杨贵妃仰望皎洁的明月，文采神出，随口而出"月饼"，从此"月饼"的名称便在民间逐渐流传开。

月饼品种繁多，就口味而言，有甜味、咸甜味、麻辣味；从馅心讲，有传统的五仁、豆沙、冰糖、芝麻、蛋黄、火腿、鲜肉月饼以及近年出现的水果、素食、鲜花、食用菌月饼等；按饼皮分，则有浆皮、混糖皮、酥皮三大类；按特殊工艺和适合人群分，还有冰皮月饼、无糖月饼等；按产地分，有京式、广式、苏式、台式、滇式、港式等。

上海人似乎更爱鲜肉月饼。鲜肉月饼是苏式月饼的一种，江浙沪一带的传统特色点心。酥脆粉韧的外皮，饱含汁水的肉馅，可谓一绝。鲜肉月饼最好趁热吃，出炉即食，一口下去，皮酥肉嫩、齿口喷香。质优的鲜肉月饼，闻其味，可觅得一股绕散不去的香味儿；观其色，还可见肉馅里的汤汁欲滴而不下；食其味，可尝到一种酥腴咸香的美味儿。如此鲜肉月饼，实乃上品。秋风微凉之时，上海的街头便会出现一道亮丽的风景。熙熙攘攘的人群排起长长的队伍，心甘情愿，翘首以盼，就为了那口诱人的月饼香，那浓浓的老上海味道。此道风景，要数中秋前最盛了。淮海路的光明邨、哈尔滨食品厂、长春食品商店，南京路上的真老大房、沈大成、泰康食品、第一食品商店、王家沙、西区老大房，这些老字号的门口，家家都有这道排队的风景。

关于上海鲜肉月饼的起源，有两种说法。一种认为：在上海，最早做鲜肉月饼的是高桥食品厂。高桥松饼是高桥食品厂最出名的特色点心，前已述及。这高桥松饼外表看起来有些像苏式月饼，多层薄如纸的酥皮，入口酥松，有豆沙、鲜肉、五仁等馅心。其中，鲜肉馅的高桥松饼酥皮香脆，肉馅鲜美多汁，与鲜肉月饼口感相似。高桥食品厂曾在淮海中路、瑞金路口的瑞金公寓开设食品店，这些食品店在上海也曾如雷贯耳。据说在中秋节前后，高桥食品厂东面门口，就会架起两个硕大的平底锅，烤制鲜肉月饼。后来，由于种种原因，高桥食品厂开始走下坡路，关门大吉。另一种说法：鲜肉月饼最早是因普陀区的悦来芳而出名。美食家沈嘉禄在文中这样写到：据考据，鲜肉月饼最早诞生于上海曹杨路、兰溪路一带的“悦来芳”。悦来芳食品商店 1926 年成立，不少普陀区的老上海人都知道这家老字号。悦来芳最早是卖面包与点心的，20 世纪六七十年代

鲜肉月饼

开始销售鲜肉月饼。“悦来芳”是前店后厂，后面工厂间生产出来的月饼马上拿到前面的店面里上架。20 世纪 70 年代，每到中秋，人们就提着洗脸盆、水桶在长寿路上排队，那个场面非常壮观。在那个缺吃少穿的年代，价廉物美的鲜肉月饼，可是难得一见的美食。

浦东农村素有做塌饼的习俗。所谓塌饼，就是用水磨粉和的面，包上馅料，揿扁弄塌后用油煎熟的一种点心。

《浦东文史》中记载：“婴儿出生 12 天，要做‘眠摇篮塌饼’分送亲友；新媳妇回娘家，用红盖篮盛塌饼回家望娘；每月农历初四、十四、廿四，做塌饼敬灶君，叫做净灶。”这种家家户户做塌饼的习俗，和农民生活息息相关，塌饼成为浦东农村一种日常的食品，存在已有数百年历史了。

浦东塌饼因用料和馅心的不同，一般分为咸甜两种。咸塌饼中最受欢迎的是鲜肉塌饼。第一步调制馅料，猪肉糜加小葱一把、生抽、老抽、盐、味精、料酒、再加适量水，朝一个方向搅拌馅料，分次逐步添加适量的水，到时吃起来就会有汤汁。浦东本地人喜欢在馅料里加适量酱油，故鲜肉塌饼的汤汁为淡红色，口感也更加鲜美。第二步和面，面粉放入容器，慢慢倒进开水，用筷子搅拌，粉结块状后倒出，趁热揉面，直到面团光滑。第三步包制，小块面团搓成半圆，包入馅料，尽可能包得皮薄馅多，然后将团状揿扁弄塌。将包好的塌饼放入平底锅中，小火两面煎黄后，加入半碗水转成大火加盖，等水收干，关火焖两三分钟，开盖后，开大火两面煎一分钟即可，起香，开吃，那味道真是怎一个“鲜”字了得。咸菜肉末塌饼也是颇受浦东本地人喜爱的咸塌饼，将腌制的老咸菜切成细粒，加入肉糜炒制成馅料。制作方法与鲜肉塌饼相同，只是馅料不同。新鲜出炉的咸菜塌饼酸香可口，别具风味。咸塌饼里还有一款猪油

浦东塌饼

塌饼，馅心为猪油加细葱，讲究的还要加些火腿丁。咬开后，猪油香十足。可能是关注健康的原因吧，如今，制作猪油塌饼和咸菜塌饼的人越来越少了。

甜塌饼中最具代表性的是南瓜饼。在糯米粉里加南瓜，制成塌饼面团，包入豆沙、芝麻等馅料，也有不加馅的，本地人都叫“饭瓜塌饼”。浦东南瓜饼其实是蒸的，南瓜糯米饼放入模子定型，上笼蒸熟即成。另外一种方法是油煎，灶头烧火，当锅子烫后，抹上油，将饼贴在锅子上，两面煎成金黄色后，泼上水。“滋哩吧啦”一阵响声后盖上锅。不一会儿油光发亮，香气阵阵的“饭瓜塌饼”可就出锅了。

浦东本地人还喜欢将自家种的时令蔬菜加入糯米粉中，做成塌饼，如草头塌饼等。草头是一种常见的蔬菜，也称金花菜。草头塌饼的制作方法比较简单：先将新鲜草头洗干净，放入煮开的沸水中余两三分钟后捞出。然后把草头切碎，倒入糯米粉，少量多次加水，让草头与糯米粉充分交融，草头的绿色给雪白的糯米粉带来了蓬勃生机。揉成不黏手的一整团后，再把一整个团分成数个小团，逐个按扁。锅子烧热，小火，倒入油，把糯米饼放入，煎两分钟后，再翻面煎一分钟。加入刚刚能盖没草头饼的冷水，少量白糖，中火烧两分钟，再盖上锅盖小火煮两分钟，随后关火焖两分钟即可。草头塌饼，其貌不扬，但是吃过的人无不喜欢。咬一口，糯米里面夹杂着草头细末，沁人心脾的清香和甜糯，让人久久回味。除了草头，勤劳智慧的本地主妇还会选当季的韭菜、荠菜、萝卜等蔬菜作为制作塌饼的原材料，做出口味各异的浦东塌饼，它们可都是地地道道的本地美食。

南瓜饼

蟹壳黄，一种形状小巧的酥饼，呈黄色，似蟹壳，故称“蟹壳黄”。

早年的上海，在茶楼的门口边、在老虎灶(开水专营店)的店面处，都设有一个酒桶式烤炉和一个平底煎盘炉，前者烤蟹壳黄，后者做生煎包。蟹壳黄香酥，生煎包鲜嫩，两种风格迥异的小吃联袂而出，别具风味，是20世纪二三十年代的上海点心界的一道风景。后来，出现了专卖蟹壳黄和生煎馒头的点心店，如黄家沙、大壶春、吴苑等，名噪一时。蟹壳黄，要数吴苑饼家的最出名了。《上海通志》记载：“光绪二十六年，长兴楼开业，以南翔馒头闻名。1912年，兴隆记大饼油条店开业。1932年，大壶春开业。1935年，吴苑开业，以生煎馒头、蟹壳黄知名。”

蟹壳黄有咸甜两种，甜的一般做成圆形，有白糖、玫瑰、豆沙、枣泥等。咸的做成椭圆形，有葱油、鲜肉、蟹粉、虾仁等。制作蟹壳黄的用料及方法都有讲究，全手工操作。先揉面，面粉加水揉和

蟹壳黄

发酵，揉面时用力恰当，精心细致，发酵加碱，均要适中。酥油入面揉匀，用熬炼七八成熟的油炒油酥面，同三分之二的水面合擀成多层次的面卷，包上馅，酥饼坯制好后，用饴稀水刷面、撒芝麻，然后将烧饼整齐地贴进炉壁烤制，掌握好火候和时间，大凡飘出阵阵诱人香味时，就做好了。蟹壳黄用的是发面油酥皮，馅料不在多，是否美味的关键在于酥香的面皮。刚出炉的蟹壳黄香气四溢，既酥又脆，满口留香。怪不得有诗句赞美它："未见饼家先闻香，入口酥皮纷纷下。"制作精良的蟹壳黄，蓬松柔韧、酥脆绵软，吃起来细腻却不油腻，深得精致的上海人的欢心。吃蟹壳黄时，最好将手掌弓起来放在下巴处，免得芝麻与酥层如雪花般地落下。

诞生在老虎灶的蟹壳黄市井亲民，活跃于绿波廊的眉毛酥格调高雅。

"闻香留步九曲桥，知味停车绿波廊。"说起绿波廊，在上海可谓无人不知，无人不晓。眉毛酥、拎包酥、葫芦酥、枣泥酥、桂花拉糕……哪怕只是听闻这些名点的名字，资深老饕们也会垂涎欲滴。

绿波廊原址是明嘉靖年间潘氏豫园的西楼阁轩厅，1979 年改名绿波廊餐厅，1991 年扩建为酒楼，虽然历史不算长，但绿波廊早已闻名世界。著名的"三丝眉毛酥"，是绿波廊的招牌点心。眉毛酥外形纤巧可爱，犹如一道弯弯的秀眉，因而得其名。外层酥皮层次清晰，色泽金黄，内馅有猪肉丝、香菇丝、冬笋丝，因此称为三丝眉毛酥。一口咬下去，鲜香融合在酥香中，松脆的酥皮与鲜美的馅料在口中交融，口感丰饶，口齿生香。

酥饼类的点心，美味之处就是这个"酥"味，所以起酥最关键。所有的酥饼，都分外层和内层。外层酥脆，称为"水油面"；内层酥腴，称为"油酥面"，由油酥面和水油面团糅合而成。芮新林《小吃大味》：

眉毛酥

“1983 年版《中国小吃（上海风味）》中，眉毛酥、鲜肉月饼、蟹壳黄、重油酥饼、酥层饼的油酥工艺，在‘面粉中掺入熟猪油’后，用了这样的描绘词语，‘边擦边揉’、‘使劲擦透’、‘擦成酥油’‘不断揉擦’、‘拌和推擦’……火腿萝卜丝酥饼、眉毛酥的制作方法，是‘面粉加熟猪油及温水’，拌和揉匀，即成‘水油面’。”原来，酥饼的美味都是猪油的功劳。另外，酥饼类点心还有“明酥”和“暗酥”一说。像眉毛酥这种酥面在外的叫“明酥”，而蟹壳黄这类内藏酥面、外覆芝麻的油酥饼叫“暗酥”。

上海餐饮业领军人物——国家级高级技师陆亚明，在绿波廊工作已有 30 多年。从一个年轻的面点技师，到如今的“上海工匠”，“绿波廊”这块沉甸甸的招牌，让陆亚明至今仍坚持在工作一线。他的

“作品”曾款待过50多批外国元首与政要，堪称一绝的眉毛酥就是陆亚明的经典之作。为了让眉毛酥层次更分明，陆亚明曾带着徒弟从面粉的颗粒、油酥的使用量及油炸时间等多个环节进行多次实验；还不断开发新的馅心品种——椒盐、三丝、叉烧、五仁等，各种口味的眉毛酥纷纷得到食客们的欢迎和称赞。

另外一款知名点心“拎包酥”的研发也颇有趣味。据说，若干年前，巴黎老佛爷百货的几位工作人员到绿波廊用餐，客人们给陆亚明出了个难题：最好有一道点心要和百货、商场等元素结合起来。这随便一说，却让绿波廊的师傅们再次找到了创新的乐趣。一次逛街途中，陆亚明看到橱窗里展示的拎包，顿时想到，做成酥皮包，于是，经过三个月的潜心研发，“首席技师工作室”的师傅们将酥层配皮搭配折纸工艺，设计出“拎包酥”，条纹清晰的酥皮构成包面，再加上小拎扣，两侧以白芝麻点缀，精美得让人不忍下口。

传统、海派、经典、文化，是绿波廊点心蕴含的真味。正是几代“绿波廊人”的坚守和创新，才造就了无数个中国餐饮界的点心传奇。

高桥松饼

用料

皮料：低筋面粉 500 克、普通面粉 500 克、鲜榨菜籽油 50 克、普通玉米油 500 克。

馅料：红豆沙 500 克（也可以是枣泥馅、白果馅）。

辅料：清水适量。

制法

1. 先将红豆沙搓成球状待用。
2. 将普通面粉和低筋面粉按 1：1 比例混合，加入鲜榨的菜籽油，拌和成油酥面团。
3. 将普通面粉和低筋面粉按 1：1 比例混合，加入水、鲜榨菜籽油和玉米油，按一碗水配比一碗油比例加入面粉中，制作成水油面皮，盖上湿纱布待面团涨醒。
4. 将水油面皮分成大小相等的剂子，包入油酥，用擀面杖擀平，再卷起，再次擀平；第二次将面皮折叠，擀皮至适当大小，放入事先准备好的豆沙馅，轻轻压扁。
5. 将饼均匀放入烤盘，放入预热的烤箱中，以 150 度温度烤制 20 分钟即可。

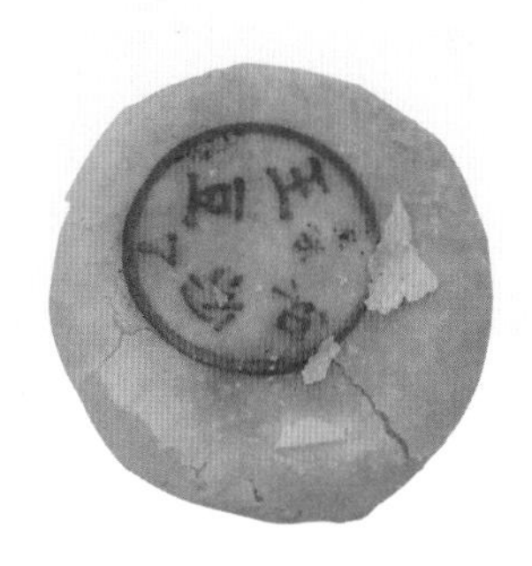

浦东塌饼

用 料

皮料：糯米 200 克、面粉 500 克 。

馅料：夹心猪肉 300 克。

辅料：盐 20 克、味精 5 克、料酒 50 克、葱 20 克、姜 10 克、生抽 10 克、油 200 克。

制 法

1. 糯米加水，熬成厚粥，待粥冷却后与面粉合成光滑的面团。
2. 夹心猪肉洗净后剁成肉糜，加入盐、味精、料酒、生抽、葱花和姜末充分拌匀，调制成肉馅。
3. 将面团搓成条状，分成大小均等的剂子，压扁后包入肉馅，慢慢收口搓成汤圆状，最后压扁成塌饼。
4. 平底锅加热后放入油，将塌饼均匀平铺于锅底，煎至两面起皮，而后淋上少量清水加盖继续将饼煎至两面金黄色即可。

鲜肉月饼

用 料

皮料：面粉 250 克。

馅料：猪油 110 克、夹心猪肉 250 克。

辅料：细砂糖 45 克、蜂蜜 10 克、香油 10 毫升、生抽 20 克、料酒 10 克、盐 5 克、姜末 10 克、全蛋液一勺、白芝麻 / 黑芝麻各 5 克、清水 42 克。

制 法

1. 将普通面粉 100 克、猪油 60 克、细砂糖 25 克、清水 42 克放一起拌匀，搓揉成光滑的水油面团，然后覆盖上保鲜膜静置几分钟。
2. 将普通面粉 100 克、猪油 50 克放一起拌匀，搓揉成光滑的油酥面团，同样覆盖上保鲜膜静置几分钟。
3. 猪夹心肉剁成肉糜，放入细砂糖 20 克、熟白芝麻、盐、姜末、蜂蜜、香油、料酒后充分拌匀，调制成肉馅。
4. 将水油面团、油酥面团分别分成 8 等分，搓圆，静置松弛 15 分钟备用。将水油皮丸子压扁，擀圆，包入油酥丸子，像包汤圆那样收口。将收口的丸子，用擀面杖擀成长椭圆形，从下往上卷起来。再把卷起来的面团旋转 90 度。再次用擀面杖擀成长椭圆形，从下往上卷起来。
5. 将卷好的面团压扁，包入猪肉馅，像包汤圆那样收口，用手掌稍稍压扁。
6. 将面胚放入烤盘里，刷上鸡蛋液，撒上黑芝麻。烤箱 200 度预热，烤盘放入烤箱中层，上下火烤 30 分钟即可。

葱油饼

用 料

皮料：中筋面粉 200 克 。

馅料：葱花 50 克、猪油 50 克。

辅料：色拉油 10 克、花椒粉 5 克、食盐 10 克、味精 5 克、温水 120 克。

制 法

1. 将 200 克面粉、120 克温水、2 克盐、5 克油搓揉成面团，让面团静置一小时以上。
2. 将猪油切成小粒，放入葱花、盐、味精、花椒粉拌匀待用。
3. 将面团揉成四个剂子，用擀面杖擀成细长椭圆型，刷上油，撒上拌好的猪油和葱花。
4. 将面团卷起成柱状，一边卷一边拉，在末端拉宽包住整个卷，然后静置 15 分钟左右。
5. 把卷好的面团放入加热的平底油锅中，用铁锥压扁成饼状，煎至两面定型。取出葱油饼，放入明炉（定制）中小火烘 5 分钟左右至金黄色即可。

蟹壳黄

用 料

皮料：高筋面粉 150 克、低筋面粉 135 克 。

馅料：白糖 150 克、猪油 50 克。

辅料：猪油 110 克、酵母 2 克、白芝麻适量、鸡蛋一个、干桂花 20 克、白砂糖 100 克、水 75 克、糖粉 20 克。

制 法

1. 将 2 克干酵母粉加入 75 克温水中，搅拌均匀至酵母完全溶化，然后静置 5-10 分钟。将 150 克高筋面粉倒入大碗中，加入酵母水。用筷子搅拌成絮状，然后在碗中加入猪油，用手揉和成光滑的面团，盖上保鲜膜室温静置 1 小时，待面团松弛。
2. 将 135 克低筋面粉过筛，筛入一大碗中，然后加入 70 克猪油，用手搓成均匀的粉末状，然后再用力揉和成均匀光滑的面团。
3. 将 50 克猪油、150 克白砂糖和 20 克干桂花一同倒入一大碗中，用橡皮刮刀拌匀即成馅料。

4. 将油皮和油酥面团各分割成均等的 10 等份，然后逐一搓圆。取一小块油皮面皮用擀面杖擀开成圆形面皮，然后中间放入一个油酥面团。用掌心收口包起，然后慢慢将油皮往中间推。直至将油酥整个盖住后，用掌心搓圆收口，滚成光滑的面团，将面团擀开成牛舌状，从上往下卷起，收口朝下，将面卷从中对切成两半，把切开的面卷竖放，年轮面朝上，用手稍稍按扁，然后用擀面杖擀开成圆形面皮，取约 20 克左右的馅料搓成圆球状，将馅料放入饼皮中间，将饼皮包起收口朝下，稍稍按压或者用擀面杖轻擀，整理成圆饼形饼坯。
5. 将饼坯整齐地码入烤盘，在饼坯表面刷上适量全蛋液，撒上白芝麻，放入预热的烤箱中，以上火 180，下火 160 度，中层，烤 25-30 分钟即可。

眉毛酥

用料

皮料：中筋粉 300 克、 猪油 30 克、 温水 170 克、低筋粉 200 克 、猪油 110 克。

馅料：三号肉 200 克、水发香菇 150 克、冬笋 150 克。

辅料：油 50 克、盐 8 克、鸡精 3 克、味精少许、水淀粉适量、麻油适量。

制法

1. 猪肉加工成 0.3 厘米粗的细丝；将香菇剖开，冬笋焯水后，均匀地切成 0.3 厘米粗的细丝。锅内放入油，煸炒香菇冬笋，出香味后倒入猪肉丝，加入适量水、盐、鸡精、味精翻炒，待煮开后用水淀粉勾芡，淋上麻油，出锅冷却待用。
2. 中筋粉加入温水、猪油、搅拌成雪花状，再倒入适量冷水混合成水油面团，揉搓两分钟，摊开饧制。低筋粉和猪油混合，揉制成油酥面团。水油面饧制 10 分钟后，再次揉擦成光洁面团，饧制 20 分钟左右。
3. 将油酥复擦，用擀面杖擀制成 10x10 大小的形状备用；将水油面擀制成 10x20 大小的面皮，包入油酥，封口。

4. 用擀面杖将面团擀制成长方形面皮后一折为二，再次擀开成长方形一折为二，切去多余酥皮。
5. 将面皮擀制成厚度为 0.2 毫米，刷去干粉，切去多余坯皮，由上往下将面皮卷起，收口部分用擀面杖再次压薄，刷上水，卷起成条状。
6. 将起好酥的面团用刀切成厚度为 0.7 厘米的圆剂，用擀面杖将剂子擀制成直径为 8 厘米的圆皮。
7. 左手托皮，右手用毛刷在坯皮内侧刷上蛋黄液，包入 15 克馅心，对折，用右手食指将右侧向内按入，将对折后的坯皮收口处捏拢。用右手拇指和食指在边上捏成绞丝的花边，将尾部搓尖，整理形态即成眉毛酥生坯。
8. 锅内加入精制油，开大火，将眉毛酥整齐地摆放在炸篱内，待油温上升到 5 成热时，入眉毛酥改中小火炸。眉毛酥浮起后撤去炸篱，待炸制到象牙色后用炸篱将其取出，用吸油纸吸取余油，装盘即可。

南瓜饼

用 料

皮料：糯米粉 100 克、南瓜 150 克。

馅料：红豆沙 100 克。

辅料：白糖 30 克、玉米油 100 克。

制 法

1. 南瓜去皮、去心、去籽后切成块，放在蒸锅蒸熟蒸烂，然后捣碎成泥状。
2. 把糯米粉、南瓜泥和白糖揉成光滑的面团，盖上保鲜膜静置 20 分钟左右。
3. 将红豆沙搓成直径 1 厘米大小的球状，待用。
4. 糯米团分成大小均等的剂子，搓圆后用拇指压出小窝，左手托住底部，右手母指和食指将窝捏薄捏大，放入红豆沙球，用右手虎口慢慢收口，最后搓成团状压扁。
5. 用不粘锅加热后放入冷油，冷锅煎制南瓜饼，煎至两面呈金黄色即可。

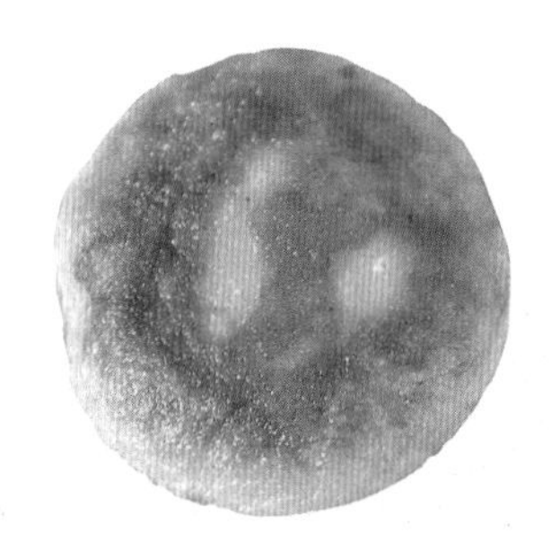

第六章 面条类、馄饨类点心及其制作工艺

面条是一种古老的点心，起源于中国，历史源远流长。

在不同朝代，均有面条的记载。古时，所有的面食都曾被统称为“饼”，所以汤面起初也叫汤饼。开始的面片不是擀成或压成的，而是将和好的面，用手往锅里撕片片，和现在北方吃的“猫耳朵”做法差不多。汉代刘熙在《释名·释饮食》中称其为“索饼”；北魏贾思勰的《齐民要术》中称面条为“水引饼”，一种一尺一断、薄如“韭叶”的水煮食品；到了唐朝，出现了称为冷淘的过水凉面，杜甫形容为“经齿冷于雪”；发展到宋元时期，面条正式称作面条，而且面条品种逐渐增多，做面的方式，除汤煮之外，又有了炒、蒸、煎等方法，同时也出现了在面条上加各种浇头。《东京梦华录》记录汴京的面条有四川风味的“插肉面”，南方风味的“桐皮熟烩面”等。《梦梁录》中记录了南宋面食名称，有“猪羊生面”、“丝鸡面”、“三鲜面”、“盐煎面”等。元朝出现了可以久存的挂面，《饮膳正要》：“挂面，补中益气。羊肉一脚子，挂面六斤，蘑菇半斤，集资五个煎炸饼，糟姜一两，瓜荠一两。右件用清汁中下胡椒、盐、醋调和。”这是一种以羊肉、蘑菇、鸡蛋烹制挂面的方法。到了明朝，制面技术突飞猛进，出现了抻面、刀削面等。明宋诩的《宋氏养生部》中最早出现抻面的记录："扯面：用少盐入水和面，一斤为率。既匀，沃香油少许，夏月以油单纸微覆一时，冬月则覆一宿，余分切如巨擘。渐以两手扯长，缠络于直指、将指、无名指之间，为细条。先作沸汤，随扯随煮，视其熟而先浮者先取之。"薛宝辰《素食说略》中，又把抻面称为"桢条面"："其以水和面，入盐、碱、清油揉匀，覆以湿布，俟其融和，扯为细条，煮之，名为'桢条面'。其法以山西太原平定州、陕西朝邑、同州为最佳。其薄等于韭菜，其细比于挂面，可以成三棱之形，可以成中空之形，耐煮不断，柔而能韧，真妙手也。"清朝乾隆年间，又有经过煮、炸后，再加入菜肴烧焖而熟的伊府面，清代戏剧家李渔在《闲情偶寄》中，收录了"五香面"、"八珍面"等记载，在这两种面条中，分别加入了五种与八种动植物原料的细末，味道之鲜美，工艺之精湛，堪称面条中的上品。如今，数以千计的面条品种遍及各地，成为深受人们喜爱的不可或缺的食物。

上海虽处鱼米之乡的江南，以米饭为主食，但这并不影响上海人逐渐发展出本帮面这一点心种类，而且上海人对于面条的喜爱和讲究也值得细细体味。

北方以面食为主，和成的面可以使用各种方式制作成不同的面条。如用刀削的为"刀削面"、用双手拉的为"拉面"等。上海面是机轧面，上海人把机器轧制的面叫做"切面"，为什么这种机器轧制出来的面条会被叫"切面"。薛理勇在《点心札记》中写到："在没有机器制面之前，江南人没有北方人做面条的技巧，只能先将面团擀成薄片，再用刀切成面条，这种切出来的面条当然就叫做切面了。虽然后来有了轧面机，但这种面条仍然被叫做'切面'。"上海切面一般分细面和宽面，细面又叫龙须面，沸水中煮7秒左右即可捞出，加上沸汤浇头即可。宽面并不很宽，煮的时间要略长，但不耐久煮，若时间掌握不当，面条易变糊。切面现做先吃，不能长期保存。后来，有人发明了一种模具，在模具底下开无数小孔，将面团放入，挤压面团，从细孔中挤出而成面条，再把长长的面条挂起晒干，称为“挂面”，挂面的保存时间就变长了。在上海，这种挂面用机器烘干，大多卷成圆筒状出售，上海人称为“卷子面”。

上海面，有当地特色的本帮面还有苏帮面、扬帮面和浙江面，后三者逐步本地化，与本帮面结合创新变成地道的上海面，综合了几家之长的上海面品类众多，特色各异。

阳春面，一种不加任何浇头的汤面，又称“光面”或“清汤面”，旧时上海最大众化的面食之一，是上海人心中的第一面食。

关于“阳春面”这一名称的由来，据说起源于农历十月的别称“小阳春”。相传由于这种面的价格是十分钱一碗，因此被冠以阳

阳春面

春面的美名。还有一种说法：阳春面原来称清汤光面，后因商贾人等忌讳“清”、“光”等不吉利字眼，有高人取古乐曲名《阳春白雪》的阳春二字，改称为“阳春面”。但是阳春面具体诞生的年代以及名字的由来，至今无从确切考证。

《上海通志》中记载：“20年代，湖北面馆兴起，明炉亮灶，现做现卖，成为沪上面团业主力。1928年，盛兴点心店开业，经营湖北汤团、阳春面、小馄饨、菜肉馄饨等，价格低廉。”如以此推算，阳春面距今至少已有近百年的历史。

芮新林在《寻访上海的200家小吃店》之《小吃大味》中这样描述自己吃阳春面的记忆：“复兴东路靠近河南南路，一个小弄堂口的饮食店，有关于阳春面的美好回味。那时年少，家贫兜空。若是积攒得三五角子,我必会去往此店,一膏馋吻。隆冬之日,撩帘进门,忽然热气暖人，香气扑鼻。早年上海的阳春面店，师傅总会在前一晚炖上一大桶骨头汤，清晨开门，这锅阳春面汤，已熬好开锅待客。我总是付上1角洋钿，外带二两半上海粮票，买上一碗阳春面吃。当年1角2分，可吃三两，想想舍不得。8分只可吃二两，碗小，面少，汤少，吃了勿煞念头（沪语：不过瘾）！于是二两半阳春面，就成最佳选择。”

虽然阳春面只是一碗光面，汤料却十分讲究，熬了一个晚上的浓骨汤，纯鲜味厚。汤若能渗入面中，其味必佳。若是寒冬之日，来一碗阳春面，汤清、面韧、葱青、热气腾腾，迫不及待地撩一筷子入口、幸福之至。倘若盛夏之时，面对着阳春面，依然心无旁骛，呼噜而食，吃得酣畅淋漓，真是味美天下。

二十世纪七十年代初，阳春面的“命运”开始有了转变。上海粮食凭票供应，粮店供应的面条一律两角一分一斤。面馆规定，一斤面条可下五碗阳春而，毛利对半。如扣除各项成本，阳春面几乎没有利润，有的店就减少或停止供应阳春面，一律供应浇头面。时至今日，在上海，阳春面几乎已销声匿迹了，这种极简之面成为了老上海人心中最美好的记忆。

从前，阳春面是上海人心中的第一面；如今，葱油拌面似乎替代了它的位置。在上海的面馆和饮食店里都能看到它的“身影”，浓浓的葱油均匀裹着细细的面条，酱汁浓郁，色泽金黄，香气四溢，光是闻闻就令人迫不及待了。葱油拌面虽是普通的面，但历史悠久。《南市区志》：“清末，城隍庙大门口的隆顺馆以面点驰名，其他如老无锡的鸡鸭血汤、老浦东的香糟田螺、小徽州的韭菜饼、长兴楼的南翔馒头、陈友志的开洋葱油面等等。”

阳春面，关键在“汤”；葱油面，秘诀是“葱”。熬葱油是决定葱油拌面是否地道的重要环节。1983年版的《中国小吃(上海风味)》中描述了一段熬制葱油的过程：“锅中放花生油（八两），烧热后，舀出一半，以免加葱时外溢。随后把香葱、葱头末倒入，用微火熬三十分钟，边熬边把舀出的热油逐步加入，至葱色发黄，加入红酱油，使之上色。此后继续以微火熬煮，并不断用铁铲搅动，以防起焦。约经三十分钟，见葱中水分已熬干，呈深红带黄色、手捏感觉不软不硬，即端离火口，倒入容器中。”看似简单的工艺，做起来却不易。

除了熬制葱油，酱汁调味也有讲究，以鲜咸回甜为佳。选择透亮的红褐色的上乘酱油，入锅加热，和熬好的葱油以及白糖一起小火加热到糖溶化，有一定热度稍微呛一下酱油，酱香才挥发得更淋漓尽致，那种扑鼻而来的葱香、酱香和略带焦糖悠远回甜的味道才是不偏不倚的上海风味。

在上海的各家面馆里，每天“诞生”着这碗朴素却诱人的葱油拌面。芮新林这样写到：“抓一把面进沸水，用长竹筷拨散，面条

葱油拌面

浮起，撩折进碗，再舀上一勺葱油。葱不过焦，油不过油，酱油不过色，方为上品。葱叶深红幽暗，葱白淡黄明亮，色入眼帘。拌一拌，葱香撩鼻，面和葱油交融，葱味油味酱油味，味味入面。”

葱油拌面，充满上海风情的至简之面，是上海人最难舍弃的独特味道。

上海的面条，还有一些是以不同的浇头来命名的。浇头这个词在字典里这样解释：方言，指加在盛好的面条或米饭上的菜。清代李斗在《扬州画舫录·虹桥录下》里有记载：“面有浇头，以长鱼、鸡、猪为三鲜。”如今，上海面的浇头有几十种，荤素皆有。不一样的浇头，带来不一样的口味。一碗好面，浇头中藏有大玄机，新鲜热炒的特制浇头，浓油赤酱，十足的老上海风味。

辣酱面，上海人喜爱的浇头面之一。面，是普通的切面；汤，是简单的汤料；那一勺辣酱才是成就美味的一绝。上海辣酱面中的辣酱，一般的用料是豆腐干、土豆丁、肉丁，道地的面馆还会放一些茭白丁或笋丁。豆腐干，最好选用扬州豆腐干，香味足，韧性大，软硬适中。调料的选择也尤为重要，选郫县豆瓣酱和李锦记桂林风味辣酱为佳。肉丁加入郫县豆瓣和桂林风味辣酱、蒜粉、料酒、生抽和生粉搅拌均匀，让猪肉入味半小时到一小时，注意咸度要适中。油烧热，先炸土豆和豆干，等豆干飘起，和土豆一起捞出。下肉丁，变色捞出。锅里还有稍多的油，加入郫县豆瓣和桂林风味辣酱，炒出红油，倒入三丁，中火慢慢翻炒，不要加水，用温油将所有原料炒透，加入一勺的糖和少许生抽调味即可，糖一定要来上一勺，才

辣酱面

能体现上海风味。中火半小时后，一盘咸香浓郁、味道十足的辣酱浇头就做好了！一碗口味绝佳的辣酱面，上桌后必先捞翻上几下。辣酱随即散开，与寡淡的面条亲密接触；辣油也随之漾开，与热乎的汤水肆意融合。看似汪着一层红红辣油的辣酱面，入口并非很辣，还略微带着一点点甜味儿，这碗温文尔雅的辣酱面里充满了浓浓的上海情怀。

鳝丝面，在上海本帮面中有着重要的地位。看上去油汪汪的鳝丝面，入口十分美味。剔骨的鳝丝与葱段被浓厚的酱汁裹着，肉质厚实，柔软滑嫩，滋味鲜美。浓油赤酱的“上海风”在一碗小小的鳝丝面中被演绎得淋漓尽致。黄鳝作为浇头的主要食材，不但营养丰富，还具有药用价值。据《本草纲目》记载，黄鳝具有补血、补气、消炎、消毒、除风湿等功效，民间也有以黄鳝为原料作为药用膳食。老人常说：“小暑黄鳝赛人参，”小暑节气前后的黄鳝最肥美和温补，每年的六至八月是吃鳝丝面的最佳时节。关于鳝丝面的历史，百度百科中记载：自明朝万历四十二年起，江阴开设了“江苏学政衙署”，大批学子来江阴赴考。考试时，正值夏天。考生午餐自备带进考棚。为防变质，所带的午餐多为简单的面条。当时，学政衙署的对面有一爿“龙园馆”的面饭馆。老板头脑十分灵活，会做生意，他根据江阴当时的物产情况，将黄鳝入锅烫死、划成鳝丝，烹制成“烩鳝”，作为面条的“交头”。他将手擀的蛋清“小阔面”，下锅煮熟、制成凉面；然后，再将凉面下锅加入油、调料进行烩炒，使其成为“烩面”。最后，他在“烩面”上加上一些“烩鳝”，烹制“烩鳝”留下的汁水（茨头）、姜丝、胡椒粉，淋上几滴“麻油”（芝麻香油），使之成了既有菜又有面，口味口感俱佳，且不易变味变质的一道赴考的美餐。“鳝丝烩面”的诞生，一饱了学子们的口福。随着赴考学子中食用

鳝丝面

人数的增多，其名气扬了出去。久而久之，逐渐变成了一道颇具特色的名点。

上海的浇头面中，大肠面也是一块响当当的牌子。虽然“大肠”总被人冠以“下水货”的称号，但若碰上工艺精湛的厨房师傅，能将大肠做到“酥、糯、香、有嚼头”，同样可以得到大批饕客的情有独钟，从食物匮乏的年代不得已而吃的下水货，逐渐变成了一种传奇的美味。大肠面的浇头一般分为两类：一类是用猪大肠的肠尖，脆弹少油，肠味较淡。入锅里浓油爆炒，装一盘子端上来，自己斟酌下多少到面里。另一类是用肥肥的直肠，资深老饕最爱肠头那一口肥油，粗壮豪迈的质感，肥硕柔韧，很有嚼头。

盧灣四碗面

长脚面
炸弹面
缩头面
大肠面

大肠面

上海滩有著名的“卢湾四碗面”——“长脚面”、“炸弹面”、“缩头面”和“大肠面”，据说这四碗面的名字各自来自老板的绰号。其中“缩头面”即香葛丽，王志文特别爱吃这里的大肠面，于是拍成照片成了招牌。芮新林在《小吃大味》里也写到“缩头”其人及他的大肠面：“……等他们吃得差不多了，厨房里不见头颈的人，会转过身走出来，跟他们打招呼。迎着暗淡的灯光，可以看清楚，他的头颈，的确缩进了脊柱里，两只肩膀上没有脖子，竟然直接是头。人微胖，留两撇小胡子……缩头也算奇人，因残疾逃过了上山下乡，被分到菜场里卖菜。近水楼台，经常搞点便宜猪内脏，回家弄弄清爽，炒一炒，晚上老酒扳扳，久而久之，缩头竟然练就了烧内脏的神功。20 世纪 80 年代改革开放后，国营菜场式微，个体经济兴起，缩头索性在鲁班路的家里，开了以现炒内脏的面馆，还美其名曰香葛丽（缩头姓葛）。缩头以本帮浓油赤酱技法，现炒浇头，浇头快速入锅，勾芡。左手掂锅，右手下面。面撩进碗，浇头也恰好爆成……”

上海的浇头面还有大排面、爆鱼面、羊肉面、焖肉面、雪菜肉丝面、素鸡面、罗汉上素面……所有小菜均可做浇头，不同浇头还可双拼或三拼，浇头汤面品种繁多，花样各异，深受上海人的青睐。

在上海，还有一种面，只能在夏季才能品尝到，那就是冷面。

早期上海的冷面摊经营者多为回族，浇头大多为绿豆芽和青椒丝。薛理勇的《点心札记》中记录了《图画日报·营业写真》“卖拌面”一画的配文：“清真教门冷拌面，莫说浇头一点点。酱油麻油豆芽菜，拌成请把滋味辨。也有喜欢加辣火，越辣越鲜越下肚。不过吃客若遇瘌痢头，莫加辣火断主顾。”如今，一到炎炎夏日，上海各家饮食店就开始摆出冷面的架势。店家一般会为冷面专辟一方角落，内装空调以保持低温，全封闭，留一处可以推动的玻璃窗，以便食客取面之用。顾客可清楚地看到玻璃后面的冷面、调料及各种浇头。上海的点心店，冷面大多都要自取，付钱买票，然后直奔冷面的小天地，有序排队。负责店里工作的服务员的手法都十分娴熟，取盘、装面、浇一勺酱油、来一勺香醋、再加一勺花生酱……上海的冷面都装在盘子里，以便冷面在盘子里自由舒展。一份好的冷面，看着蓬松油亮、入口硬韧爽口、酸咸适中、裹着一丝花生酱的香甜，绝妙的口感让你欲罢不能。上海人吃冷面还必须配汤，咖喱牛肉汤、鸡鸭血汤或者油豆腐粉丝汤。这种绝配的吃法体现了上海人的精致，干吃冷面，可是会噎着的。

上海冷面的工艺有两种。一种是先蒸后煮，再用冷风吹凉的办法加工，为上海独有之制，该工艺始创于20世纪50年代的四如春。《上海通志》中记载："四如春点心店。在瑞金一路15号（初址）。1929年建，经营徽帮汤团、馄饨面食……50年代，首创蒸拌面，以卫生出名。"另一种是直接煮。无论哪种方法，后一道工序必须用电风扇强力吹冷。

不放浇头的冷面，叫"清冷面"，清清爽爽的冷面，最是应时。有的人吃冷面是一定要放浇头的，于是，配合冷面的浇头应运而生。三丝是冷面的经典浇头，一般是肉丝、青椒丝和绿豆芽，有的店家也用茭白丝。三丝清炒，与冷面一起入口，清淡爽口。如果你喜欢浓郁的口味，那就推荐辣酱浇头。肉丁、豆干丁、土豆丁或笋丁。浓油赤酱，稠汁撩拌，冷面的风味也随之转换。除了三丝和辣酱这两种经典浇头，上海冷面的浇头品种不胜枚举。芮新林的《小吃大味》里记录了各家点心店的价目牌上各色冷面的浇头："辣酱、辣肉、大排属于荤浇，上海冷面的荤浇品种，大致可以反映上海汤面的荤浇种类。基本上一年四季皆可。有辣酱，就有炸酱、鸡骨酱、八宝辣酱。有辣肉，就有肉末、大肉、肉圆、焖肉、焖路、狮子头、

上海冷面

鱼香肉丝、菠萝咕噜肉。有大排，就有小排、糖腊小排、茄汁排条、酱汁排骨。有猪肉，就有大肠、腰花、猪肝、猪肚。有猪，就有鸡鸭，鸡丁、宫保鸡丁、酱鸭腿、烤鸭。有鸡鸭，就有牛羊，蚝油牛肉、红焖牛肉、牛杂、牛筋、芹菜牛肉丝、红烧羊肉。有羊，就有鱼，爆鱼、鳝丝、雪菜黄鱼、雪菜目鱼。有鱼，就有虾，虾仁。”上述浇头，简直令人眼花缭乱。不一样的浇头，拌出了不一样的冷面。在上海的点心界里，冷面着实是一朵绚丽的奇葩。

馄饨是中国特有的点心。西汉扬雄的《方言》：“饼，谓之饨”，馄饨是饼的一种，差别为其中夹内馅，经蒸煮后食用；若以汤水煮熟，则称“汤饼”。

颜之推在《颜氏家训》中说：“今之馄饨，形如偃月，天下之通食也。”颜之推是北齐人，由此推算，1 500多年前，馄饨就已在中国大地上流行了。“偃月”是指横卧形的半弦月，由此看来，那时所称的馄饨在外形上似乎和如今的饺子有些相似。薛理勇的《点心札记》旁征博引，考证了这种古时形像偃月的馄饨：徐珂编《清稗类钞·饮食类》：饺，点心也，屑米或面，皆可为之，中有馅，或谓之粉角。北音读角为矫，故呼为饺。蒸食、煎食皆可。蒸食者曰汤面饺，其以水煮之而有汤者曰水饺。北方俗语，凡饵之属，水饺、锅贴之属，统称为扁食，盖始于明时也。这一下就清楚了，在明代以前还没有“饺”这词，后来讲的“扁食”、“水饺”等实际上就是古书上记的“馄饨”。

馄饨的起源，一直有不同的说法。有人认为馄饨“像浑沌不正”的天象而得名，《燕京岁时记》云：“夫馄饨之形有如鸡卵，颇似天地混沌之象，故于冬至日食之。”“馄饨”与“混沌”谐音，故民间将吃馄饨引申为打破混沌，开辟天地。还有一种传说：汉朝时，北方匈奴经常骚扰边疆，百姓不得安宁。当时匈奴部落中有浑氏和屯氏两个首领，凶狠残暴，百姓对其恨之入骨，于是用肉馅包成角儿，取“浑”与“屯”之音，呼作“馄饨”。另外，据《临潼县志》记载：“十月一日，鸡鸣，焚纸，献馄饨祭先，谓之迎寒衣。”因此，也有人认为馄饨的产生和祭祖相关。究竟孰是孰非，难以定论。

邱庞同的《知味难——中国饮食之源》中有一文《古往今来说馄饨》，描述了他所考证的馄饨的发展史。

唐代时期，馄饨已经风行。1959年，在新疆吐鲁番一座唐代墓葬出土的木碗中，保存着数只和今天馄饨形状大抵相同的食物。说明中国西部边疆早有了吃馄饨的习俗。据文献记载，唐代的馄饨制作很精。段成式《酉阳杂俎》云：长安城中，萧家制作的馄饨特别精致，其煮馄饨的汤可以用来煮茶。唐代馄饨的名品很多，最出名的有两种。

其一，叫“五般馄饨”，五般即五色。馄饨能做出五种花色，当非易事。其二，叫“二十四气馄饨”。唐代韦巨源《烧尾宴食单》记有“二十四气馄饨”，能做出花形、馅心各不相同的二十四种馄饨，技术要求更高。

五代，金陵城中士大夫家中的馄饨也制作得颇为出色。其煮馄饨的汤极清，可用以磨墨写字（见《清异录》）。

到了宋代，馄饨依然风行。汴京、临安市场上均有馄饨店。据《梦粱录》记载，临安“六部前丁香馄饨，此味精细尤佳”。而“贵家求奇，一器凡十余色，谓之百味馄饨”（《武林旧事》）。更值得重视的是，在宋代出现了馄饨制法的详细记载。宋代浦江吴氏《中馈录》“馄饨方”中馄饨的制法，在工艺上已达到较高水平。

元代，馄饨在品种和制法上仍旧在发展。如在忽思慧的《饮膳正要》中，就记有奇特的“鸡头粉馄饨”。其用鸡头粉（芡实粉）、豆粉加水调和为皮，以羊肉、陈皮、生姜、五味制馅，然后包成“枕头”形，煮熟食用。这种馄饨有“补中益气”的功效，为少数民族创制出的食疗妙品。在元代著名画家倪瓒的《云林堂饮食制度集》中，也记有一则“煮馄饨”：“细切肉臊子，入笋米或茭白、韭菜、藤花皆可，以川椒、杏仁酱少许和匀，裹之。皮子略厚小，切方。再以真粉末擀薄用。下汤煮时，用极沸汤打转下之。不要盖，待浮便起，不可再搅。”这条史料的重要就在于较早说明馄饨的皮要“切方”，还要“擀薄”，也就和今日手工馄饨皮的制法毫无区别了。至于煮馄饨时要“用极沸汤打转下之”，以防馄饨黏连，则完全是经验之谈，也有参考价值。

明清时期，馄饨发展更为迅速。许多地方均出现馄饨的名品，制法更精，风味更加多样化。如明代的北京就有“多肉馄饨”，山东有油煎馄饨，苏州有猪肉、虾肉、蟹肉、鱼肉、藤花等馅心的馄饨等。清代，扬州则有“小如龙眼，用鸡汤下之”的小馄饨，而北

餛飩

饼，谓之饨。

——西汉·杨雄《方言》

今之馄饨，形如偃月，天下之通食也。

——北齐·颜之推《颜氏家训》

十月一日，鸡鸣，焚纸，献馄饨祭先，谓之迎寒衣。

——《临潼县志》

六部前丁香馄饨，此味精细尤佳。

——《临潼县志》

贵家求奇，一器凡十余色，谓之百味馄饨

——《武林旧事》

细切肉臊子，入笋米或茭白、韭菜、藤花皆可，以川椒、杏仁酱少许和匀，裹之。皮子略厚小，切方。再以真粉末擀薄用。下汤煮时，用极沸汤打转下之。不要盖，待浮便起，不可再搅。

——元·倪瓒《云林堂饮食制度集》

京的“玉叶馄饨”，也相当有名。苏南亦有皮薄的“绉纱馄饨”。广东称馄饨为“云吞”，以虾肉云吞尤为出名。四川称馄饨为“抄手”，以风味多样著称，有辣味的“红油抄手”，鲜香的“金钩抄手”等。

时至今日，中国南北各地的馄饨在继承古代优良传统的基础上又有大的发展。如广州以上等猪肉、虾肉、芝麻屑、鱼肉、鸭蛋黄、冬菇丁为馅制作的“云吞”，皮薄馅满，软滑鲜香。扬州以荠菜、瘦猪肉为馅制作的“荠菜馄饨”，清鲜四溢。上海的“虾肉馄饨”，虾肉的微红透皮而出，引人食欲。北京的“鸡肉馄饨”，馅鲜、汤鲜，隽永之至。成都的“龙抄手”等各式“抄手”，更以多变的味型，令人回味无穷……

北方产麦，北人以面食为主；南方种稻，南人以米饭为主。因此，北方人擅长擀面，个个都是擀面条、包水饺高手，而南方人大多都不擅长这一技能。本文提到过上海制作切面的方法：先将粉和成面，用擀面杖擀成一大张薄饼状，用刀切成条状，便是切面。如将大张薄饼切成方块状的皮子，再裹上馅心，那就是馄饨。

如今，馄饨皮儿大都由机器制作了，压制得大一点、厚一些的皮子，可以裹成大馄饨；而压成极薄的皮子，是用来裹小馄饨的，小馄饨又称绉纱馄饨，以皮子薄如绉纱而得名。《上海通志》：“上海传统点心业有流动商贩、固定摊商、点心店 3 种。流动商贩提篮或肩挑叫卖，提篮者向小摊商赊销或代销大饼、油条、脆麻花等，清晨沿街叫卖。肩挑者用竹制摊担，称骆驼担、馄饨担，主营馄饨，馄饨皮薄而透明，称绉纱馄饨，可加面条，通常营业至深夜，经营者以江西人为多。”

薛理勇在《点心札记》里描述了 1909 年上海环球社出版《图画日报》绘有的卖馄饨一画：“小贩肩一馄饨担，其形状似骆驼，又似马，于是被叫做‘骆驼担’或‘马头担’；一头放一只炉子，上面为锅，另一头则放馄饨皮子和馅料。作者的配画文说：大梆馄饨卜卜敲，马头担子肩上挑。一文一只价不贵，肉馅新鲜滋味高。馄饨皮子最要薄，赢得绉纱馄饨名蹊跷。若使绉纱真好裹馄饨，缎子宁绸好做团子糕。”这段文字简略而又形象地描绘出当年上海街头巷尾馄饨担子的生意状态。

老上海人大多都有吃小馄饨夜宵的经历，街角边、弄堂口，馄饨摊上烧着一锅水，碗、调羹、调料等各就其位，摊边放着几张矮桌、几条长凳。远远就能听到柴火微微发出噼噼啪啪的声响，看见炉子里星星点点的火光快活地窜起……温馨的场景，温暖着人心。小馄饨在水里上下欢腾，待熟后盛在加了各种调料的汤碗里，最后淋上些许猪油，香溢整条弄堂。此类馄饨又被称为“柴爿馄饨”，这名字显然是来自那声声作响的柴火吧。“柴爿”就是经过劈截的小段柴薪，便于携带，用在移动的摊档，恰到好处。

一碗美妙的小馄饨必定是“皮薄不糊、馅子新鲜、汤料考究”。

皮薄不糊。薄如蝉翼的皮子是关键。呈半透明状的皮子薄薄的、软软的、好像薄纱一般，包好后依稀可见那嫩红的肉馅。上好的皮子包的小馄饨在水中煮熟后不会糊，一只只白里透红的小馄饨在葱花间游走，煞是可爱，顿时令人食欲大开。

馅子新鲜。小馄饨的馅心以纯肉为主，有的也加点剁碎的虾仁。猪肉必须选质佳新鲜的，馅心一定要现拌，包制的小馄饨才会口味鲜美。肉馅基本黄豆大小一点，用竹片子挑着往皮子里一抹，手一捏，一眨眼的工夫，一枚小馄饨就包好了。品尝之时，欣赏外皮之清透，感受入口之滑溜，咀嚼肉馅之鲜美。唇齿间充溢着浓浓的香味，心底里充盈着暖暖的滋味。

汤料考究。汤清不油腻，味鲜不浓烈，这才是上品的小馄饨汤。有些饮食店的小馄饨叫三鲜小馄饨，指的就是汤水中的蛋皮、开洋（或虾皮）和紫菜。三鲜份量要到位，将蛋皮切成丝、并把紫菜、开洋或虾皮、按个人口味放入适量的盐、鸡精、胡椒粉等搁置大碗中备用。食用时冲入沸水，放入煮好的馄饨，即成了一碗色、香、味俱到的上海三鲜小馄饨。也有人喜欢在汤料里放一点点鲜辣粉，汤就愈加别致有味儿了。

用最少的料，做出最精致的味道，这就是上海小馄饨。

沈嘉禄曾在他的《老上海美食》一书中写道：“其实上海人对馄饨的想念，多半是冲着小馄饨而来。大馄饨虽然也不错，但一般

待煮的小馄饨

当饭吃，解馋还是要靠小的……皮子是手工擀的，极薄，呈半透明状，覆在报纸上甚至可以看清下面的铅字，划一根火柴可以将皮子点燃。以这样的皮子裹了肉馅，里面留着一点虚空，可以看到淡红色的馅心，煞是可爱。入锅后片刻捞起，盛在汤碗里，而这碗汤是大有讲究的，用肉骨头吊得清清爽爽，看不出肉渣骨屑，一口喝了，得摸摸额头，眉毛是否还在……”

小馄饨

如今，在上海，各类点心风味各异，品种繁多，走街串巷的挑担只停留在记忆中了，但在王家沙、乔家栅、沈大成等传统饮食店中依旧可以品味到正宗的上海小馄饨，看似平凡的上海传统点心其实仍然深深扎根在上海人的心中。

大馄饨，上海人家餐桌上最常见的点心。小馄饨显“娇贵”，大馄饨更“亲民”。从名门望族到寻常百姓家，做一碗热腾腾的大馄饨，都是很平常的事。

小馄饨，一般都是肉馅的；大馄饨，通常是菜肉馅的，其中，又以荠菜最有特色，也最受欢迎。荠菜是上海人常吃的野菜，这股新鲜的野菜味是大馄饨的精髓。春天里，搜寻野菜曾是吃馄饨前一道必要的工序，尤其在浦东本地，阿姨妈妈们经常结伴到田间挖荠菜，据说，野生荠菜的清香味更盛。后来，菜场里也可以买到荠菜，野菜也能人工播种了。但上海人吃时令菜的习惯依然不会改变，春天的荠菜仍然是最受欢迎的。

荠菜的野菜味儿很重，喜欢的人觉得有清香，但它并不好“伺候”。荠菜一煮就容易老，不放油水，入口不佳。荠菜和猪肉搭档做馄饨馅，既相得益彰，又保留了各自原有的优点，肥肉中的油水可以缓解荠菜易老易干的缺陷。荠菜馅料里也可加入一些青菜，口

待煮的菜肉大馄饨

菜肉大馄饨

感更丰富。选肉也有讲究，一定要选夹心肉，因为夹心肉肥瘦适中，做出来的肉馅水嫩嫩的，吃起来的口感水灵灵的。买回来的肉，从前全靠手工斩。如今，可以让摊主用绞肉机摇一摇，带回现成的肉糜，但这个肉糜不能摇得太碎，否则吃上去没韧性。

馅料的拌法是决定大馄饨口味的重要环节。先拌肉糜，边搅拌肉糜边倒入适量的水，以肉糜能够黏在筷子上为佳，有水分的肉馅才能确保馄饨芯子吃起来鲜嫩可口。搅拌肉糜的时候，还要放入适量的黄酒、盐、糖和生抽。搅拌均匀，盖上盖子，让肉酱“醒”半小时左右。

等肉糜和水充分融合，把荠菜和肉酱均匀搅拌在一起，再加一些油、盐和麻油，红绿相间的馄饨馅心顿时香气四溢。馄饨馅里放些什么作料，究竟怎么放，其实每户人家都不一样。根据自家的喜好，或清淡、或浓郁。关键是咸淡要掌握好，不能太咸，也不好太淡。

从包法上说，小馄饨是一捏而就，大馄饨却真真是包出来的。一张四方的皮子平铺在手心里，用筷子挑适量的菜肉放中心，对折了以后，外头一层高，里面一层稍低，否则，两层叠在一起就太厚了，翻上两边，最后在另一角上蘸点水，包起，搭牢，一只漂漂亮亮的大馄饨就包好了。包得好的大馄饨，一个个饱满得就像金元宝一样。

大馄饨花样多，除了有菜肉大馄饨、纯肉大馄饨、虾仁大馄饨、黄鱼大馄饨、三鲜大馄饨，还有油煎大馄饨、冷馄饨，各有其味。

油煎馄饨不同于汤汤水水的菜肉大馄饨，重点在于一个“煎”字。上海的油煎馄饨又分两种，一种是煎生馄饨，另一种则是煎熟馄饨。

油煎馄饨的炊具，最好用扁平大圆铁锅。平底锅放少量花生油，五成热时将包好的馄饨放整齐。小火煎至馄饨底部微黄时，取一勺生粉(约8克)放入碗内，加半碗水，约80克(水与粉的比例为1∶10)，搅拌均匀，顺着锅边倒一圈，快速将生粉水倒入锅内，没过馄饨底部即可。盖好锅盖，中火煮一至两分钟左右。听到锅内噼里啪啦的声音后，转小火煮5分钟左右。等到馄饨底部水烧干，这个过程要勤观察，避免糊底。轻轻晃动平底锅，使馄饨底部与锅完整分离。取一个大盘子，将馄饨倒扣，装盘。煎馄饨脆而不腻，芯子里的煎香与皮子外的煎脆，在嘴里融为一体，无比美味。另外一种是将煮熟的馄饨冷却后，放在油锅里煎，热了就可以食用，这种吃法在浦东本地比较盛行。

冷馄饨，是一道夏季的美食。上海人喜欢在冷却的馄饨中加入调味料，一勺花生酱、一勺酱油、一勺米醋，滴上几滴辣油，风味独特的冷馄饨就做好了。冷馄饨吃起来清爽可口，既开胃又美味。浑身被包裹了花生酱的浓郁酱汁，并且在醋和辣油的精心调味后，馄饨的口感愈加丰富。夏日里，一盘绝佳的冷馄饨，会令人品味一份多姿的幸福。

葱油拌面

用 料

主料：香葱 30 克、面条 150 克。

辅料：生抽 15 克、老抽 15 克、绵白糖 5 克、花生油 100 克、熟白芝麻少许。

制 法

1. 香葱洗净后晾干。起油锅放入香葱，以小火慢慢把香葱炸至焦黄色，熬制成葱油。
2. 把生抽、老抽、白糖混合均匀，调制成酱汁。
3. 锅中放水，烧开后放入新鲜细面，煮熟捞出并控干水分，装碗。
4. 最后在面上淋上酱汁和葱油，撒上熟白芝麻即可。

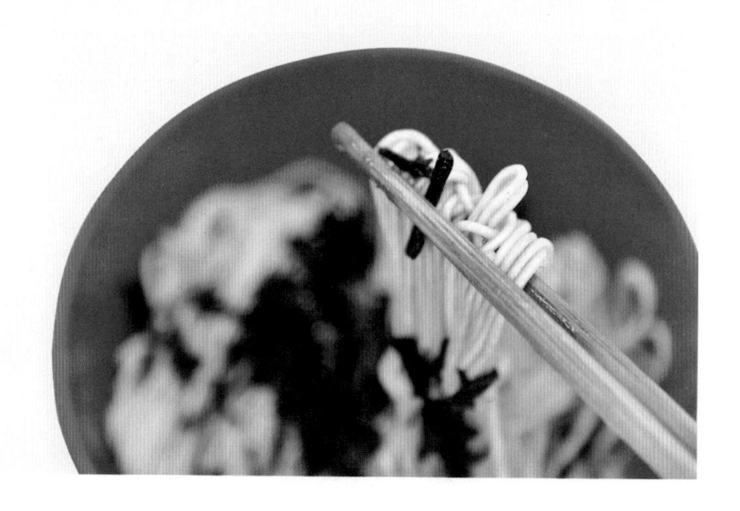

上海冷面

用 料

主料：新鲜切面 300 克（最好用鸡蛋面，比较有韧性）。

辅料：花生油 20 克，生抽、老抽各 10 克，米醋 20 克，花生酱、芝麻酱各 10 克。

制 法

1. 面条撒开在笼屉内，用大火蒸 5 分钟。
2. 锅中放水烧沸，放入蒸制后的面条，待面条浮出水面即可捞出放于筛子内，用净水冲凉并控干水分。面条中拌入熟花生油即可。
3. 在花生酱和芝麻酱中放入少许熟花生油，充分搅拌至稀薄糊状。
4. 面条放入盘中，淋入生抽、老抽、米醋和调和的花生酱芝麻酱（量的多少可依据个人口味定），由食客充分拌匀即可。
5. 还可以在面条上配制各种炒制后放凉的浇头，如炒绿豆芽、青椒肉丝、茭白肉丝、荷包蛋、素鸡等。

阳春面

用 料

主料：新鲜面条 200 克。

辅料：熟猪油 10 克、香葱 20 克、盐 5 克、味精 5 克、骨头浓汤 500 克。

制 法

1. 香葱切细葱花。
2. 锅中放入约 500g 骨头浓汤，烧沸后用盐，味精调味。
3. 锅中放水，烧沸后放入新鲜切面，煮至面条成熟浮起，捞出后控干水分，放入大碗。
4. 在面条上淋上熟猪油，撒上葱花，浇上滚烫的骨头浓汤即可。（老上海也有做红汤阳春面的）

鳝丝面

用 料

主料：鳝丝 200 克、新鲜面条 100 克、骨头浓汤 500 克。

辅料：猪油 20 克、葱、姜、蒜各 10 克、盐 5 克、白胡椒粉 3 克、料酒 10 克、生抽 10 克、老抽 5 克、水淀粉 20 克。

制 法

1. 鳝鱼洗净处理成鳝丝，切成 6 厘米左右段。锅中放入 2 勺猪油烧至融化，爆香姜、蒜末，倒入鳝丝大火翻炒 5 分钟左右至肉熟。转中火，加入料酒、生抽、老抽、盐翻炒入味，再用水淀粉勾芡，最后撒上葱花和白胡椒粉即可装盘。（鳝丝浇头一定要现炒）
2. 另起锅烧沸水，下面条大火煮 2 分钟至成熟，捞出控干水分。
3. 取一只大碗，碗底放半勺猪油、葱花和少许盐，倒入煮沸的骨头浓汤。将煮好的面捞出装碗，铺上鳝丝，撒葱花即可。（一般鳝丝和面条分开上桌，由客人自己将鳝丝拌入面中。）

大肠面

用 料

主料：（初加工后卤熟）大肠 150 克，新鲜面条 100 克、骨头浓汤 500 克。

辅料：花生油 20 克、猪油 10 克、葱、姜各 10 克、洋葱 20 克、盐 5 克、料酒 10 克、生抽 10 克、老抽 5 克、水淀粉 20 克。

制 法

1. 把初加工后卤熟的大肠切段。锅中放入花生油，爆香姜、蒜末，倒入大肠段大火翻炒 5 分钟左右至散发香味。转中火，加入料酒、生抽、老抽、盐翻炒入味，再用水淀粉勾芡，最后撒上葱花和白胡椒粉即可装盘。（大肠浇头一定要现炒）
2. 另起锅烧沸水，下面条大火煮 2 分钟至成熟，捞出控干水分。
3. 取一只大碗，碗底放半勺猪油、葱花和少许盐，倒入煮沸的骨头浓汤。将煮好的面捞出装碗，铺上炒好的大肠，撒葱花即可。（一般大肠和面条分开上桌，由客人自己将大肠拌入面中。）

用 料

主料：夹心猪肉20克，五香豆腐干20克、冬笋10克、香菇10克、青椒10克、鲜切面条100克、骨头浓汤500克。

辅料：花生油20克、鸡蛋清半只、干辣椒粉5克、剁辣椒5克、猪油10克、葱、姜各10克、盐5克、味精5克、料酒10克、生抽10克、老抽5克、淀粉20克、红油10克。

制 法

1. 把夹心猪肉切成小丁，放入盐、味精、料酒和胡椒粉拌匀，然后放入鸡蛋清和干淀粉拌匀。豆腐干、冬笋和香菇焯水后切成小丁状，青椒切小丁。
2. 炒锅加热，滑油后开油锅，放入肉丁滑散，然后放入豆腐干、冬笋、香菇和青椒丁一起滑油，待成熟后沥油出锅。炒锅留底油，放入干辣椒粉、剁辣椒、葱、姜末煸香，放入滑油后的主料，依次加入料酒、老抽、生抽、盐和味精翻炒至入味，最后用水淀粉勾芡后淋上红油即可。
3. 另起锅烧沸水，下面条大火煮2分钟至成熟，捞出控干水分。
4. 取一只大碗，碗底放半勺猪油、葱花和少许盐，倒入煮沸的骨头浓汤。将煮好的面捞出装碗，铺上炒好的辣酱，撒葱花即可。（一般辣酱和面条分开上桌，由客人自己将辣酱拌入面中。）

用 料

皮料：面粉 200 克。

馅料：夹心猪肉 50 克、葱姜各 10 克。

辅料：清鸡汤 300 克、虾皮 5 克、鸡蛋 1 只、紫菜 5 克、猪油 5 克、料酒 10 克、盐 10 克、味精 5 克。

制 法

1. 夹心猪肉洗净后剁成肉糜，加入料酒、盐、味精和葱姜汁充分搅拌，制成肉糊馅。
2. 和一小份面团，揉匀，做成小剂子，再擀成馄饨皮（现在都是机器加工制造）。
3. 将少量肉馅末在馄饨皮上，四周翻卷起来用手轻轻一掐即成小馄饨。
4. 鸡蛋打匀后摊成厚薄均匀的蛋皮，而后切丝状。
5. 取一大碗，放入虾皮、紫菜、蛋皮丝、葱花、猪油、盐、味精，放入滚烫的清鸡汤，调成汤汁。
6. 大锅放水，烧沸后放入小馄饨，轻轻将小馄饨搅拌开，用大火煮沸至馄饨浮于水面，再以小火煮 2 分钟，最后捞出小馄饨，沥干水分后放入汤汁中即可。

菜肉大馄饨

用 料

皮料：面粉 300 克。

馅料：夹心猪肉 100 克、青菜 200 克、荠菜 100 克、葱姜各 10 克。

辅料：清鸡汤 300 克、花生油 50 克、猪油 50 克、料酒 10 克、生抽 20 克、老抽 10 克、盐 10 克、味精 5 克。

制 法

1. 夹心猪肉洗净后剁成肉末，加入料酒、生抽、老抽、盐、味精和葱姜汁充分搅拌待用。
2. 青菜和荠菜洗净后汆水，马上用冷水冲凉并挤干水分。将汆水后的菜剁成细粒状，放入布袋中控干水分，倒入盘中。在菜中放入盐、味精、猪油和花生油拌匀待用。
3. 将拌好的夹心猪肉、青菜和荠菜搅拌在一起，充分拌匀制成菜肉馅料。
4. 和一小份面团，揉匀，做成小剂子，再擀成馄饨皮（现在都是机器加工制造）。
5. 将菜肉馅料放在馄饨皮上，先对折，再翻起边缘后将中间两角捏紧即成大馄饨。
6. 取一大碗，放入葱花、猪油、盐、味精，放入滚烫的清鸡汤，调成汤汁。
7. 大锅放水，烧沸后放入大馄饨，轻轻将大馄饨搅拌开，用大火煮沸至馄饨浮于水面，再以小火煮 5 分钟，最后捞出馄饨，沥干水分后放入汤汁中即可。

第七章 馒头类点心及其制作工艺

馒头，我国传统特色点心，是一种用面粉发酵蒸成的食品。

关于馒头的起源，薛理勇的《点心札记》引用并解释了宋人高承在《事物纪原·酒醴饮食·馒头》中的描述。诸葛亮征西南少数民族地区时，就听人家说，这种地方多歪门邪道，当地风俗，必须以杀人取人头来祭祀神灵，神灵才会派出天兵神将暗中相助，你才能取得胜利。但诸葛亮不愿杀人，就派人把羊肉、猪肉剁成肉酱，再用面包起来，做成像人头的形状来祭神。可能为防止被神发现这“人头”是假货，又用布把它幔了起来，于是被叫做“馒头”。如今，馒头已成为人们日常生活中不可缺少的食物，北方人把无馅的叫馒头，有馅的叫包子；而在南方，不论是有馅还是无馅，都叫馒头，如肉馒头、豆沙馒头、菜馒头等。

在上海，最出名的馒头当推小笼馒头，最知名的小笼馒头当然是南翔小笼了。南翔小笼，是上海人家喻户晓并喜爱的点心，美誉中华，驰名天下。南翔小笼原名“南翔大肉馒头”，后又称“南翔大馒头”，由于其用急火和小笼蒸制，所以上海人又称其为“南翔小笼包”。

顾名思义，南翔小笼诞生在上海市嘉定区南翔镇，南翔镇是一个历史源远流长，文化底蕴深厚的江南名镇。小笼馒头问世至今已有百年以上的历史了，记者陆林森的一篇文章《记古猗园南翔小笼》中描述了上海古猗园小笼食品有限公司总经理李建刚讲述的一段关于小笼的传奇。南翔小笼的成名，似乎与古猗园有点儿历史渊源。古猗园不大，因绿竹猗猗而得名。清代同治年间，园内建厅堂楼阁茶肆，常有文人、墨客在此会友、读书、品茗、聊天。当时因为没有酒馆饭店，来此聚会的文人墨客感到多有不便。南翔镇八字桥畔有一家叫日华轩的糕团馒头店，在当地小有名气，店主黄明贤发现古猗园的游客来来往往，十分热闹，从中看出了商机，于是改业经营起了南翔大馒头，天天挑着担子到古猗园去叫卖。黄明贤做的大肉馒头味道鲜美，买的人多，生意兴隆，同行见了十分眼馋，于是群起效仿，黄明贤的生意大受影响。眼见生意比以前难做了，黄明贤灵机一动，别出心裁地对大肉馒头进行改良，研发了一种“重馅薄皮，以大改小”的制作方法。他用不发酵的精面粉为皮，手工剁碎的猪腿精肉为馅料，肉馅里还加了肉皮冻。肉皮冻的制作也颇讲究，用隔年老母鸡炖汤，煮肉皮成冻，拌入肉馅。再撒入适量研细的芝麻，并根据不同季节，将蟹粉、春笋、虾仁等加入馅料。每两面粉制作10只馒头，每只加馅3钱，褶皱14个以上。改良后的馒头形如荸荠，小巧玲珑，丰富的馅心造就了独一无二的美妙口感，皮薄馅多、汁鲜肉嫩、余香津津，回味无穷，吸引了诸多食客，很快风靡了嘉定全城。《上海通志》记载：“同治年间，杭州人黄明贤在嘉定县南翔镇经营馒头业，所创小笼以皮薄汁多闻名于市，成为上海名点。”

黄明贤有个名叫吴翔升的亲戚，当时在店里当学徒，后来继承了黄明贤的衣钵，聪明好学的吴翔升又改进了原来的制作工艺，将

南翔小籠

同治年间，杭州人黄明贤在嘉定县南翔镇经营馒头业，所创小笼以皮薄汁多闻名于市，成为上海名点。

清光绪二十六年（1900年），南翔人吴翔升建长兴楼，后改今名。蟹粉小笼形似宝塔，收口如鱼唇，上桌时口溢蟹黄油，色香味形俱佳。

制作技艺被列入2007年上海非物质文化遗产保护目录。

馒头从大蒸笼改为小蒸笼制作，并在南翔镇上开了一家馒头店，专门做起了小笼馒头的生意，人称古猗园南翔小笼。从此，南翔小笼的名字不胫而走，生意火了，吴翔升的资本也越来越大，后来他又发现南翔镇太小了，吃小笼馒头的人就这么点，于是决定到上海去发展。从南翔来到城隍庙，在九曲桥畔开设了一家经营小笼的店，取名“长兴楼”。20世纪50年代，长兴楼顺应口碑改名为南翔馒头店。《上海通志》：“清光绪二十六年（1900年），南翔人吴翔升建长兴楼，后改今名。蟹粉小笼形似宝塔，收口如鱼唇，上桌时口溢蟹黄油，色香味形俱佳。”自从南翔小笼馒头与上海老城隍庙结缘，生意越来越兴旺，上海市民、外地游客及国外观光客来到城隍庙，都要来尝一尝南翔小笼。无论是刮风下雨还是严冬酷暑，每天一清早开门，顾客早已列队等候。店门口排成的长队蜿蜒似龙，店堂内满座的宾客摩肩接踵，形成了一道特别的风景线。

小小的南翔小笼，究竟有什么独特的魅力，引得路人折腰以向？散着热气上桌的南翔小笼，观之，光亮半透明、皮薄而不塌、汤水波中漾；食之，汤鲜却不腻、肉紧而多汁、皮韧但不硬。用筷子在褶皱处轻轻夹起，微微蘸醋。夹起小笼、小口轻啄、破皮而嘬，顿时汤汁满口，鲜味四溢，醉人心怀。

如此美妙的小笼馒头，与文人雅士也特别有缘。钟实《百年飘香的南翔小笼》：“上世纪二十年代，许广平先生游览南翔古镇。古镇幽静、美丽的景色给她留下了观忘的良好印象。许广平先生在品尝了小笼包（许先生称之为灌汤包子）后，写信给鲁迅先生，对南翔小笼赞口不绝，事载《两地书》中。”著名学者、报人曹聚仁先生对南翔小笼包也情有独钟，20世纪30年代初，曹聚仁在地处真如镇的暨南大学任教，同事中有位唐君是南翔人，知道曹聚仁喜爱南翔小笼包，每次回家，唐君都要为曹聚仁带上几笼小笼包来让他品尝。后来，曹聚仁在《南翔·古猗园》一文中写道："上海市民的郊游，到了南翔，有如吴淞，也算尽兴了。南翔以馒头出名，皮子薄，肉馅细，一包鲜汁，十分可口。"1965年初冬，正是"十年动乱"前夜，著名学者朱东润偕夫人邹莲舫专程到南翔游览古猗园，夫妇俩在古猗园徘徊良久，然后在古猗园饭店要了两客小笼馒头慢慢品尝。回到学校后不久，"文化大革命"的疾风暴雨开始了，朱东润先生在"十年动乱"中历尽磨难，夫人邹莲舫终于未能逃过劫难，死于非命。就在大动荡的岁月，朱东润先生以满腔悲愤撰写了《李方舟传》一书，李方舟就是邹莲舫的化名。朱先生就以他俩游古猗园吃小笼包为结尾，书中清晰而又充满深情地写道："初冬的时节了，但是这里到底是江南，使人感觉到的不是萧瑟而是清新的余温，草木发出一些幽静的微香……南翔小笼馒头是有名的，两客馒头送过来，吃过以后，这才开始吃饭。"由此可见南翔小笼给他的印象之深。

南翔小笼馒头经历了几代传人的努力，形成了它独特的工艺制作技术和配制秘方。它的制作技艺已被公布列入2007年上海非物质文化遗产保护目录。南翔小笼的点心师们，数十年如一日，始终恪守百年传统制作工艺。有些年长的，从十六七岁时就开始做小笼，一晃几十年，从未间断，深得中华饮食文化精髓。与其说他们是在做馒头，还不如说他们是在制作一件件小巧玲珑的工艺品，从和粉、搅面、捏皮、打馅，到最后包馅叠褶成型，十几道工序，几乎一气呵成，倘有一道工序马虎，就会在艺术品上留下瑕疵。正是这样的工匠精神，才使得南翔小笼馒头经过一百多年的历练，走出了上海，走出了国门，走向了世界。

馒头一般都是蒸熟的，而有一种馒头则是生煎的，因此被叫做生煎馒头，简称生煎。生煎馒头是地地道道的上海传统点心。

旧时的上海，生煎馒头原是茶楼、老虎灶的兼营品种。早期上海的茶楼，一种是专门喝茶聊天的场所，也就是传统的茶馆店。这种茶馆店大多也兼售开水，其烧开水的大炉，炉面平整，下面有一口大铁锅，里面又砌两口小锅，远远望去，两只小锅像双眼，大锅像老虎的血盆大口，通向屋顶的高高烟囱，又极似一条竖起的老虎尾巴，故上海人称这种店为“老虎灶”。老虎灶一般都设在马路边，遍布市井里弄，是当时社会的下层人物、普通百姓暂坐歇脚、解渴消乏之处。另一种高档茶楼大多开在繁华市面或风景幽静的地方，是社会名流、文人学士、商贾阔佬聚会之所。早上一般作为单纯的茶馆店，午后开始至夜间就作为演出说唱曲艺的剧场，店家随时提供茶水。老上海人把到茶馆店去喝茶、聊天、谈生意称“孵茶馆”，整天孵茶馆不能只喝茶呀，总得有食物填饱肚子，店家会差堂倌到外面帮茶客买点心。后来，许多茶馆在底层门面设点心摊位，既做外卖又供堂吃。生煎作为茶楼供应的点心之一，深受食客的欢迎。

据沈嘉禄在《上海老味道》中的描述，最早推出生煎馒头的茶楼是“萝春阁”。萝春阁原是黄楚九开的一家茶楼，20世纪20年代，茶楼一般不经营茶点，茶客想吃点心，差堂倌到外面去买。黄楚九每天一早到茶楼视事，必经四马路，那里有一个生意不错的弄堂小吃摊，专做生煎馒头。他也放下身份尝过几回，馅足汁满，底板焦黄，味道相当不错。有一天他经过那里，发现生煎馒头摊打烊了，老吃客很有意见，久聚不散，议论纷纷。那个做馒头的师傅怨店主只晓得赚钱，偷工减料，他不肯干缺德事，店主就炒了他的鱿鱼。黄楚九一听，立刻将这位爱岗敬业的师傅请到萝春阁去。从此，萝春阁的生煎馒头出名了，茶客蜂拥而至。后来黄楚九谢世，萝春阁消亡，但其生煎馒头的制作特色被保留了下来。

在上海，本帮生煎也有不同的派系，不同的制作工艺形成不同口味的生煎派系。上海的传统生煎，主要分清水和混水两大派别。

清水生煎的特征：全发面，肉馅汤少，收口朝上，皮厚薄适中，底略厚。清水生煎的肉馅鲜嫩，带微微汤汁，不加肉皮冻，是调味猪肉本身的肉汁。这一派别的生煎以“大壶春生煎”为代表。据《上海通志》记载：“在四川中路 243 号。1932 年建，专营生煎馒头、蟹壳黄、牛肉汤。馒头圆整饱满，包捏均匀，底板金黄，皮薄馅多。”后来大壶春又几经搬迁，甚至中间还停业过几年，最后搬到了老字号云集的云南南路。大壶春开始一心专营生煎和牛肉汤，距今已有 80 多年历史，可算是上海生煎界的鼻祖了。

大壶春的名字让人琢磨，没有几个人说得清楚。网上流传着一位老食客的介绍：以前的大壶春开在人家过街楼下面，地方狭小，连烧一锅和生煎馒头堪称绝配的牛肉汤的地方也没有，只能摆出大大一壶大麦茶，用来配着生煎馒头吃，因此有“大壶”之谓。大壶春生煎的创始人叫唐妙权，他的叔叔正是萝春阁的创立者。另起炉灶的唐妙权没有完全复制萝春阁生煎做法，萝春阁生煎的特色是皮薄馅大、汤汁浓郁，唐妙权决定把大壶春的生煎定位于“无汤生煎”。这个别出心裁的定位，成为大壶春的一大特色，一直延续至今。大

大壶春

1932 年建，专营生煎馒头、蟹壳黄、牛肉汤。馒头圆整饱满，包捏均匀，底板金黄，皮薄馅多。距今已有 80 多年历史的大壶春可算是上海生煎界的鼻祖了。

生煎馒头

生煎馒头

壶春的生煎保持着没有汤汁、底薄皮松、肉紧味甜的传统。不管是钟情于老字号的老上海人，还是热爱时尚美食的年轻人，都很执着于大壶春这份传统的生煎味道。

大壶春为何如此受欢迎？秘密还是在于大壶春生煎传统的制作工艺。面皮是传统的全发酵面团，每天清晨，负责打面的师傅就忙碌起来了。水、面粉加酵母揉好，有时会打入昨晚留下来的少许老面以增添风味。大壶春的面皮配方并不固定，全由师傅根据当天的天气，凭经验调节。揉好面，醒发 15 分钟，待面团略微膨胀松软，然后擀皮包肉馅，包好以后还需再醒发约半个小时。因经过两次发酵，故生煎口感厚而松软，底脆且香。肉馅则是大壶春绝不外传的秘方。由专人负责将猪前腿肉打成肉馅，然后加入三种酱油调味，随后冷冻运输到各个分店，保持了馅料味道的统一性。25 克的皮配 25 克的馅，包生煎的师傅几乎不用称，全凭手感，一包一个准。白嫩的生煎在师傅们的指间成型，配上绿葱花、蘸些白芝麻，玲珑可爱。为何要在入锅前就蘸上芝麻？据说，这样才能让面皮在油煎时充分吸收芝麻和葱花的香气。烧制手法也延续了传统，铁盘水油，既保留了生煎底部的脆口度，同时用蒸汽将上半部分的面皮“蒸”熟。七八十个生煎挤挤挨挨地塞进大铁锅里加热，楠木盖子盖上，不一会就爆出吱吱的滚油声。淋过一次水，待水蒸气把面皮蒸熟后，生煎便可出锅了。锅盖一掀，滚油沸腾，师傅搭住锅沿用力一抖，生煎们腾跃而散，相互分离，来到食客的面前。在门庭若市的大壶春，一盘刚出炉的生煎馒头加上一碗鲜香的咖喱牛肉汤，这已然成为一种标配。

混水生煎的特征：半发面，肉馅汤多，收口朝下，皮较薄。混水生煎的馅料里，加入了肉皮冻，所以汤汁比较多，鲜而不腻。相传“萝春阁”是混水生煎的始祖，东泰祥、丰裕等也皆属此派。

东泰祥生煎历史悠久，是上海滩最早做生煎的店家之一。制作技法和已经消失的老店“萝春阁”有相似之处，颇为老派，它们都采用半发酵的方式，东泰祥也凭此成功申得“中国非物质文化遗产保护单位”的称号。

所谓半发酵，主要的发酵过程在包馅之后完成，根据季节和天气不同，一般在 15 ～ 30 分钟左右。半发酵面皮的控制也颇有讲究，既不能过头发酸，也不能失了松软。每天温度、湿度不同，发酵程度全由师傅拿捏分寸，墙上挂着温度、湿度监测仪，保证一年四季的生煎都是熟悉稳定的口感。东泰祥运用现代化的管理模式，每一步都慎重严谨。面粉、水和酵母的比例皆有规定，面团揉得光滑白嫩，擀成大片又滚成长条，分成 20 克的小剂子。厨师手边摆着电子秤，时不时就要扔一个剂子上去过秤，保证分量如一。肉馅也用猪前腿夹心肉，加入适量皮冻，又用酱油调鲜。东泰祥并不一味追求皮薄馅大，馅料分量只比皮略多一些，而且只有两种经典口味——鲜肉和虾仁。包制好的生煎需发酵一刻钟到半小时，便可下锅。一只大铁锅最多可塞入上百个生煎，两大杯油豪迈淋下，炉火烧旺，锅里的声音便热闹起来。东泰祥也用木头锅盖，但特别之处在于顶端钉上了一层铁皮，据说是因为木头有缝隙，加上铁皮才能更好地防止蒸汽外逸。临出锅前，撒一把芝麻葱花。东泰祥用的是黑芝麻，这黑芝麻也有讲究，虽不及白芝麻貌美，但略香一些，店里坚持每天现炒，香气更是勾魂。半发酵的面皮微带松软气孔，而褶子朝下的底板煎出了脆麻花般的口感。刚出锅的生煎胖乎乎、圆滚滚、黑芝麻、绿青葱、肉馅紧实多汁、底板焦香酥脆。

如今，街头美食少不了生煎，但像“大壶春”、“东泰祥”这样的生煎老字号，给予我们的不仅仅是味蕾上的享受，更承载着一段历史，一份情怀。

烧卖是一种以烫面为皮，包裹馅料，上笼蒸熟的中式传统点心。

烧卖的历史相当悠久，最早的史料记载，在元代高丽（今朝鲜）出版的汉语教科书《朴事通》上，就有元大都（今北京）出售“素酸馅稍麦”的记载。该书关于“稍麦”的注说是以麦面做成薄片包肉蒸熟，与汤食之，方言谓之稍麦。麦亦做卖。又云：“皮薄肉实切碎肉，当顶撮细似线梢系，故曰稍麦。”“以面作皮，以肉为馅当顶做花蕊，方言谓之烧卖。”如果把这里“稍麦”的制法和今天的烧卖作一番比较，可知两者是同一样东西。到了明清时代，“稍麦”一词虽仍沿用，但“烧卖”、“烧麦”的名称也出现了，并且以“烧卖”出现得更为频繁些。《扬州画舫录》、《桐桥椅棹录》等书中均有“烧卖”一词的出现。清代无名氏编撰的菜谱《调鼎集》里便收集有荤馅烧卖、豆沙烧卖、油糖烧卖等。如今，我国各地烧卖的品种更为丰富，制作也更精美了。如杭州的牛肉烧卖、江西的蛋肉烧卖、山东的羊肉烧卖、苏州的三鲜烧卖、广州的蟹肉烧卖等。

上海的烧卖，历史也十分久远，据《嘉定县续志》记载，明代有面点“纱帽”（即烧卖），“以面为之，边薄底厚，实以肉馅，蒸熟即食，最佳。因形如纱帽，故名”。上海的烧卖，有的是糯米里加酱油，外面一张皮，这是最草根的；有的在糯米里加一点香菇、一点肉末、当然也不能少了酱油，这也算是普通的烧卖；考究点的，加一点笋丁，其馅看着与粽子的馅相似，其味却大不相同。粽子里的米有荷叶香，烧卖里的米有什么味儿呢？香菇味、肉丁味、笋丁味、酱油味、糯米味，五味合一。

说到上海烧卖，不得不提“下沙烧卖”。下沙烧卖是浦东南汇地区一款历史悠久的民间点心，起源可追溯到明代。据《南汇县志》、《民俗上海》、《鹤沙文化》等书记载，当时朝廷派兵驻扎下沙打击倭寇，老百姓为了犒劳将士而特地制作了美味的点心。由于点心

皮薄肉实切碎肉，当顶撮细似线梢系，故曰稍麦。以面作皮，以肉为馅当顶做花蕊，方言谓之烧卖。

——《朴事通》

以面为之，边薄底厚，实以肉馅，蒸熟即食，最佳。因形如纱帽，故名。

——《嘉定县续志》

是边烧边卖的，因此得到“下沙烧卖”的名号。

下沙烧卖皮薄馅多，特制的皮子中间厚边缘薄，面皮边上略有些波浪和凹凸之感。面皮包上馅料，在握空心拳的手掌里稍微捏上一捏，再打圈一转，烧卖就包好了。下沙烧卖的馅心与普通烧卖不同，分为咸甜两种。咸味烧卖主要原料是鲜笋和猪肉，汤汁浓郁，味道鲜美。甜味烧卖则以大红赤豆、核桃肉、瓜子肉、白砂糖和陈皮制馅，甜而不腻。与常见的烧卖矮墩墩的样子不同，下沙烧卖外形修长。烧卖包好后，上笼旺火蒸 9 分钟，面皮既不会软绵绵地塌下来，还会因为吸满水分而显得晶莹剔透。从上往下看，烧卖口外圈波浪形的面皮随着热气展开，犹如层层花瓣，中间馅心微露，真像一朵朵竞相绽放的桃花。市区游客常在桃花节中来到南汇乡间，踏青赏花，品尝烧卖。如今，下沙烧卖不再局限于与桃花争艳，它早已名声大噪，香飘浦西，成了上海人家喻户晓的传统美食。

《新民晚报》记者孙云曾经采访了下沙烧卖的第四代非遗传承人郑玉霞，在《下沙烧卖：祖孙三代传承美味人生》一文中详细描述了郑玉霞与烧卖那段曲曲折折又命中注定的缘分。1976 年，正赶上“上山下乡”，18 岁的郑玉霞为了让妹妹以后能进个全民所有制的单位，自愿提出去插队落户。但是，跟着父母去公社报名的路上，她又在一个转角处鬼使神差地掉头回了家。就这样，各种因缘巧合下，从小学习扬琴颇有天赋的她先后进了南汇文艺培训班、下沙小学、南汇沪剧团、南汇文化局、南汇广播电台等单位，当过扬琴演奏员、小学老师、播音员、文艺编辑等工作。1994 年，母亲在下沙饭店办好退休手续没多久，郑玉霞就动了请母亲出山开小吃店的念头。一番筹备，只卖下沙烧卖的小吃店在她所居住的惠南镇开张了，一年只做两个月，每年啥时候开张连她自己都无法预测，外人看来颇为“神秘”。郑玉霞至今记得，23 年前，市场经济没那么发达，更没有“网红”一夜脱销的神话，店里的下沙烧卖一半是靠自己的两条腿和一张嘴推销出去的。最远一次，郑玉霞背着一个电饭煲，提着几十个烧卖，坐着公交车一路颠簸几小时，来到几十公里外的老港垃圾处

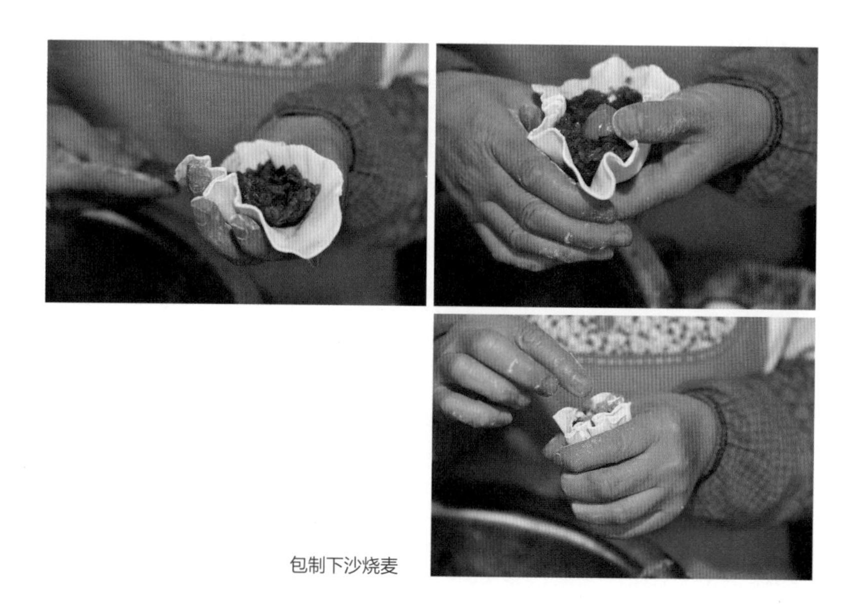

包制下沙烧麦

置场，趁员工们午休的空档，亲自动手蒸烧卖请大家品尝。50 多个员工放下筷子，直夸好吃，结果每人订了一份。当时的场长如今已 80 多岁高龄，他仍惦记着这口好味道，只要孩子们从国外回来探亲，或者老朋友们搞聚会，就必定要打电话给郑玉霞订烧卖。郑玉霞也很有经营头脑。1996 年，在夜大课堂上听到商标法里的“注册在先”而不是“使用在先”的原则，第二天，她就直奔上海市区，来到管理部门登记注册“下沙烧卖”商标。从此，他们一家与“下沙烧卖”更是结下了牢不可破的缘分。

烧卖只是点心，不是什么镇场面的大菜，下沙烧卖更是一年只能做几个月。所以，母亲最初并不主张女儿开店。但是，执拗的女儿坚持把这件事做到了极致，逐渐让母亲也见识到了市场经济的魔力。郑玉霞的坚持不仅让母亲转变了想法，甚至让原先对烧卖不闻不问的儿子顾郑一，也带着同校毕业的妻子杨洋一起接过了接力棒。

2011 年，在各级政府的关心支持下，成功申报浦东非遗后，“下沙烧卖”几代传人和她们的烧卖看到了春天。社会关注度日渐提高，特别是因为《新民晚报》、电视台等媒体的宣传报道，浦西市民也知道了，甚至专程赶去品尝，一年一度的开卖成了吃货们关注的大日子。后来，郑玉霞在浦东浦西陆续开出多家分店，其中，浦西两

下沙烧賣

下沙烧卖是浦东南汇地区一款历史悠久的民间点心，起源可追溯到明代。2011年，成功申报浦东非遗。

下沙烧麦

家店还是全年营业。通过采用冬笋，将上市时间提前到初冬，满足了饕餮们的念想。上海美院雕塑系研究生出身的顾郑一，也在此时加入到了传承这门“非遗”手艺的行列中。从选料、管理，到用具、工艺的改进，从商标 Logo，到包装盒的设计，从店招的设计到店堂布局，顾郑一全都亲力亲为，艺术的修养也恰到好处地发挥了作用，令古老的手艺融入艺术的气息。同时，他们母子俩也在下沙店中的“下沙烧卖制作技艺传承基地”和航头镇文化中心等处，一起把“下沙烧卖”制作技艺传授给社区居民、学校师生、外国留学生、少数民族大学生等，让更多的人了解和喜爱上了“下沙烧卖”。

传统美食，总以其经久不衰的口感和独具匠心的手工制法为人称道，即便在美食林立的大上海都能争得一席之地，下沙烧卖就是其中之一，其鲜美味道在浦东乡间流传百年。郑玉霞一家三代人凭借多年以来的执着和努力，让这份南汇民间小吃遍布上海各个角落。

南翔小笼

用 料

皮料：面粉 500 克。

馅料：夹心猪肉 500 克、皮冻 100 克。

辅料：食盐 3 克、酱油 5 克、味精 2 克、姜末 10 克、胡椒粉少许、白糖 2 克、黄酒 5 克。

制 法

1. 将夹心肉剁成末，皮冻切丁，加入姜末、盐、味精、料酒、酱油、白糖、胡椒粉搅拌拌匀，制成馅心。
2. 面粉加冷水，揉擦成团搓成条，下剂，擀成边薄底略厚的皮子，包入馅心，捏成包子形。
3. 在笼屉内放上油纸，把包好的小笼整齐排列于笼屉内，上笼用旺火蒸约 8 分钟，包子呈玉色，底不粘手即熟。

下沙烧卖

用 料

皮料：面粉 130 克 。

馅料：皮冻 160 克、笋丁 60 克、夹心猪肉 160 克。

辅料：姜 20 克、葱 20 克、开水 63 克、料酒 10 克、盐 4 克、糖 2 克、味精 2 克。

制 法

1. 竹笋入沸水 2-3 分钟去涩，切小丁。夹心猪肉切成粒，放入料酒、盐、糖、味精和葱姜汁搅拌至上劲（先放调料，拌匀后再放姜汁）。
2. 肉皮冻用粉碎机粉碎。
3. 将调味的猪肉、笋丁和肉皮冻搅拌均匀，制成馅料。
4. 在面粉中加入温水，揉面成团。醒面 10-15 分钟后，将面团搓成条，下剂子，用橄榄杖擀皮。最后将烧卖皮放于掌心，放水肉馅，最后用虎口收口。
5. 在笼屉内放上油纸，把包好的烧卖整齐排列于笼屉内，在沸水上蒸 7 分钟即可。

生煎馒头

用 料

皮料：面粉 300 克。

馅料：夹心猪肉 500 克。

辅料：油 50 克、盐 4 克、蚝油 1 勺、白芝麻少许、葱 20 克、姜 20 克、生抽 2 勺、酵母 3 克、水 150 毫升。

制 法

1. 面粉里加入 2 克盐拌匀，3 克酵母加入 150 毫升清水拌匀，酵母水倒入面粉里拌匀后揉成光滑的面团盖上保鲜膜（冬天可用烤箱发酵：37 度 40 分钟）。面团涨发 40 分钟，取出揉匀排气后，分成每个约 25 克的面坯，面团上撒上少许油盖上保鲜膜静置 15 分钟，擀成圆皮。
2. 将夹心猪肉剁成肉末，肉末里加入料酒、盐、蚝油和生抽拌匀，然后放入少量葱姜汁，继续搅拌至有粘性，再分次倒入葱姜汁，边倒边拌成有粘性即可。
3. 将圆皮置于掌心，加入馅料，像做包子那样收好口后捏紧。
4. 取平底锅，热锅滑油，把包好的生煎包依次整齐排列于锅中。用中火煎至底部微黄，再加入清水，水放到包子能浸没约五分之一，加盖以中火煎至水分收干，待锅底有滋滋声响后开盖加入白芝麻和葱花，再把底部煎脆，即可出锅。

油炸类点心及其制作工艺

油条、麻球、春卷、锅贴、粢饭糕、油墩子……上海的的油炸点心可谓丰盛繁多，喷香的气味、诱人的滋味让人食之欲罢不能。看着油锅里的食物渐渐变成金黄，听到油锅内发出的滋滋声响，闻着油锅中飘散出的阵阵香味，吃到嘴里热乎乎、香喷喷、脆生生，油炸类食物似乎总给人带来无比愉悦的享受。

春卷，是流行于我国民间的一种传统点心，用干面皮包馅心，经煎、炸而成。

春卷由古代立春之日食用春盘的习俗演变而成。春盘初名五辛盘，晋代周处《风土记》载："元旦造五辛盘。"五辛盘中盛有五种辛荤的蔬菜，如蒜、葱、韭菜、芸苔、胡荽，也就是现在的葱、蒜、韭菜、油菜、香菜。吃"五辛"，迎新春，"辛"与"新"谐音，取除旧迎新的寓意。将五种辛荤的蔬菜供人们在春日食用，故又称为"春盘"。到了唐宋时期，春盘的内容更趋精美，著名诗人杜甫的"春日春盘细生菜"、陆游的"春日春盘节物新"都真实反映了那个时代的人们春日吃春盘的习俗。元代无名氏编撰的《居家必用事类全

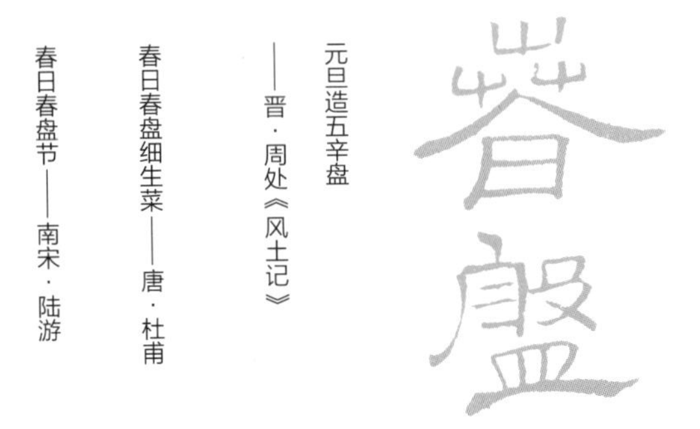

集》记载的“卷煎饼”就是早期的春卷制法。明代食谱《易牙遗意》中也有类似的将春饼卷裹馅料油炸后食用的记载。到清代，开始出现春卷之名。

在我国各地，春饼的制作方法也不一样。北方的春饼稍厚，犹如今日夹烤鸭吃的薄饼；苏州的春饼先把面粉中的淀粉洗去，得到黏度较强、色泽莹白的面筋，将面筋涂到平底的锅上，就做出形似明月的薄薄的春饼，它的韧性很好，可以卷成细细的筒状，也可以将春盘中切成丝的菜卷起来食用。薛理勇的《点心札记》中描述了在老家福建吃春饼的习俗:“春盘、春饼本来是立春日迎新春的风俗，到了近代，尤其是进入民国以后，一些农业性的节日活动逐渐被人们遗忘，立春作为节日消失了，于是春盘的风俗首先消失，春饼虽仍存在，但它已经不是立春的风俗食品，而成了新年的食物。我老家还有此种风俗，就是在过年的私人宴席中必上春饼，它相当于上海人用的‘春卷皮子’，上桌时放在碟上‘复叠如堆月一盘’，人们将春饼一张平摊在左手掌上，再将小菜舀到饼上，卷成一团后食用。现在许多帮派菜中均有以饼裹食物的吃法，实际上就是古代‘春饼’

的孑遗，只是后人容易数典忘祖，不知它就是春饼罢了。”

上海本帮菜中似乎并没有用饼夹菜的春饼，但上海的家家户户有做春卷的风俗。上海春卷是古代春饼的改进食品。

上海春卷有甜咸两种，甜的一般是豆沙馅，咸的则是黄芽菜（北方称大白菜）、肉丝、香菇丝为馅心，上海人称为三丝春卷，黄芽菜和肉丝的组合是上海人最喜欢的搭配之一。将勾芡炒制好的三丝馅心包入皮子，一折，两边收口，再二折三折，现包、现炸，油温和时间都要控制得恰到好处，出锅的春卷则颜色金黄，香气四溢。一口咬下去，外皮香脆，馅心香软，黄芽菜的清爽、肉丝的荤香、香菇的滑爽，三味融合，口感丰富。再蘸点香醋以助解腻，别具风味，着实是春季的时令佳品。除了三丝春卷，上海的郊区还有早春季节吃荠菜春卷的习俗。上海开埠后，春卷在一些小吃点心店里已常年供应，馅心的花色亦有增加，城隍庙绿波廊制作的韭芽肉丝春卷，最为食客称道。

春　卷

上海人包春卷的皮子就是春饼，大多由店家、小商贩制作。薛理勇《点心札记》：“将面粉放人细布袋，浸到水中，用力搓捏，面粉中的淀粉被冲洗走（可以派其他用场），剩下的就是黏性、韧性较强的面筋。备一只无沿的平底锅，锅热时将而筋团抹到锅面上，形成很薄的饼，稍干，而饼就会脱离锅面，就是一张春卷皮子，一般几十张相叠为一堆。”在物质匮乏的计划经济时代，春卷皮子也是紧俏商品，因为摊春卷皮子是个手艺活，相当费时。沈嘉禄在《上海老味道》中回忆：“柏油桶改装的炉子发着小火，上面置一口平底锅，饮食店里的师傅——一般是胖胖的女人，手里托一把韧劲十足的湿面团，不停地甩动以防止滑落，瞅准时机往锅子中央一掀，顺时针一抹，再快速将而团收起。此刻你看好了，锅子中央留下一张薄如素笺的面饼，但眨眼间，随着一缕水汽散去，微黄的边缘起了翘，师傅用指甲一挑，整张春卷皮子就被揭下来了。但手艺再高明，师傅们紧赶慢赶地摊，也跟不上形势。心一急，锅底尚未结壳的皮子就跟着湿面团一起上来，俗话管这叫‘乘降落伞’。而且时间一紧，皮子没烘透，一张张叠起后就压实成一大块面饼了，买回家得张张揭开，就像揭裱古画一样得非常非常小心。”如今，春卷皮也有机器摊成的了，从流水线上下来的皮子厚薄是一样的，但包成的春卷外壳比较硬，老吃客还是喜欢手工摊成的春卷皮子。

油墩子，江浙沪地区的街头小吃，又叫油端子或油墩儿，外表呈黄褐色，吃起来香脆有味。油墩子分为两种，素菜馅的又称萝卜丝饼，甜味的用豆沙馅，荤菜馅是用肉馅。将调稀的面糊少许倒入椭圆形铁勺中，加葱花和白萝卜丝、鲜肉或豆沙做成的馅心，再覆以面糊入油锅炸熟。

对老上海人来说，油墩子是他们抹不去的美食记忆，那是他们从小吃到大的美味。尤其是在寒冷的严冬，热乎乎的油墩子，一吃到嘴里，浑身就暖洋洋了，那一刻，这金黄油香、外焦里嫩的小点心，已然成了全天下最好吃的食物。

从前，在上海的街巷里，如果闻到一阵飘香，大多是从不远处的油墩子散发出来的。一只煤炉，上面支一口小铁锅，锅内是冒着热气的食用油。旁边放着一大盆稀面糊，那是面粉和水在经过充分搅拌之后形成的面浆。另外一大盆，是拌了葱花的萝卜丝。舀一勺面糊，倒入椭圆形铁制模子晃匀，然后放入葱花萝卜丝，再舀一勺面糊铺在萝卜丝上面，随后放入油锅中烹炸。铁勺的柄有个弯钩，师傅把钩子搭在油锅边上，让油墩子在油里加热，再继续做下一个。热气腾腾的油锅内一般有三四个装了面糊萝卜丝的模子，小贩握住模子柄，把最先放入油锅的模子在锅边轻轻一敲，模子里炸成型的油墩子便滑入锅中，在翻滚的热油中炸透。不一会，一个黄灿灿、香喷喷的油墩子就炸好了。锅旁边有一个沥油的架子，已经出锅的油墩子就整齐地排在架子上。

如今，记忆里的油墩子摊头，随着上海的发展，弄堂的减少，正在渐渐淡出我们的生活。还好，仍有一些小店屹立不倒，还有一些手艺人至今坚守。

《劳动报》记者曾探访了在永康路弄堂里做油墩子的朱勇师傅。今年 50 岁的朱勇 1984 年中学毕业的时候就学会了做油墩子，虽然时隔多年，但做油墩子的手艺已经刻在脑子里了，所以重新拾起这门手艺并非难事。他说自己从小在上海长大，对油墩子的记忆非常深刻："我们从小就吃油墩子，过去买东西要有粮票的，没有粮票不能买东西的。那个时候一个油墩子的售价是一毛钱加半两粮票，油条是四分钱加半两粮票，大饼是三分钱加半两粮票。"

朱勇做的油墩子黄灿灿、香喷喷、物美价廉、外脆里嫩、油而不腻，

油墩子

深受食客的喜爱。朱勇说，油墩子的选料一定要选好，“选料要用自己的双眼去看，不能搞花头，就是实实在在的”，萝卜就一定要用新鲜的萝卜。萝卜是他跟卖菜的订好了，一天二十五斤，必须要当天的新鲜的萝卜。除了原料新鲜，做油墩子的时候还要注意火候，火太大炸出来黑乎乎的，火太小面糊不容易熟透，“还有就是油要干净，不能掺任何杂质，要看得到底”。朱勇现在每天 4 点半起床，5 点买菜，之后洗菜、做料。晚上 7 点关张，但收拾收拾也要花上一两个小时，睡一觉之后又是起床、买菜……提起做油墩子的初衷，朱勇指着自己的招牌：“现在基本上没什么正宗的上海油墩子了。弘扬老上海弄堂饮食文化，这就是我的初衷。”

上海浦江镇的召稼楼古镇，也能寻到油墩子的踪影。江阿姨油墩子店铺在召稼楼入口处左拐弯即可看到。油墩子店铺还上过电视节目，不少游客是慕名而来。“全上海最好吃的油墩子”这是江阿姨用招牌上海话录制的叫卖声，滚动播放，吸引游客。小店用两个长方形不锈钢电炉做油锅，一炉急火，一炉慢火，油墩子先进急火催熟，再进慢火煎脆。待到一个个油墩子金黄脆硬，便可热腾腾地交到食客手中。江阿姨炸油墩子很用心，炸出来的油墩子个头大面糊少，萝卜丝爽口鲜嫩，受到食客们的欢迎和称赞。

早年制作的油墩子，上面还会放一两只河虾。薛理勇在《点心札记》中描述了他小时候吃油墩子的记忆：“我童年时，上海街头随处可以见到‘油 den 子’摊。大多数摊位上另置一小缸，里面放着一些已被剪去须、脚的河虾。记得当时‘油 den 子’是 3 分一只，如你再加上 1 分或 2 分钱，摊主就会在尚未成型的‘油 den 子’上面放一尾或两尾河虾，再放入油锅中炸，当那伏在‘油 den 子’上的虾炸成红色时就熟了，样子有点可爱，也有点可怜，而味道十分诱人，尤其是河虾在沸油中炸时，一股特殊的香气可以飘到数百米开外，令人兴奋，令人馋痨。我想，任何一位在上海生活过的老人仍对‘油 den 子’的香味记忆犹新。如今上海仍然有‘油 den 子’摊，但似乎已不见在‘油 den 子’上放虾后再炸了，也许，如今河虾的价钿太贵了吧。”

如今的我们有太多选择，蛋糕、面包、汉堡和披萨……但当油墩子重现在眼前时，好像有一种不可抗拒的魔力吸引着我们。也许已经不是从前那个特别的味道，但我们寻找的是记忆中的那份美好，在多年前的那个午后，在石库门弄堂的那个巷口，望着油墩子，垂涎欲滴……

粢饭糕又称炸糍粑，是流行于江南一带的特色传统点心。外面呈金黄色，炸到酥脆；内层为雪白的米饭，绵软细腻。吃在口里，外脆里嫩，香脆鲜美。

关于粢饭糕的起源，相传春秋战国时期，伍子胥为了让吴国百姓在战乱中免受饥荒之苦，在苏州相门城下埋下了用熟糯米压制成的砖石城基作为备荒粮。在伍子胥去世后不久，越王勾践举兵伐吴，吴国城民在都城被团团围住之时，挖出了糯米砖石拙起，敲碎，重新蒸煮，分而食之。此后，人们每到丰年年底，便要用糯米制成像当年城砖一样的糍粑，以此来祭奠伍子胥。至今，糍粑仍是南方各地人民每年春节前必做的美食，而炸糍粑也是其中的一种烹饪方式，多用于早餐。

上海的早点，最著名的是“四大金刚”：大饼、油条、豆浆和粢饭。粢饭和粢饭糕，两种点心的叫法有些相像，其实并不相同。粢饭是一团米饭，在里面包油条；粢饭糕是一块米饭，在油里炸一炸。早年的上海，看到“四大金刚”的早餐摊，也就寻到了粢饭糕的身影。粢饭糕总和“四大金刚”相伴左右，成为上海人早餐的主角之一。长方形的粢饭糕，厚约一厘米，像一副没拆封的扑克牌。在计划经济时代，粢饭糕五分钱一块，清晨去早餐摊买上几块，再配上豆浆，算是很好的伙食了。

沈嘉禄的《上海老味道》里描述了他小时候看师傅制作粢饭糕的场景，大米与籼米按比例煮熟，起在另一口锅里，加盐，加葱花，用铜铲搅拌至起韧头。然后在洗白了的作台板上搭好一个大小与一整张报纸相当的木框子，将饭倒进去，压紧实，表面抹平。到了下午，师傅将框子拆散，饭就结成一块巨大的糕了。然后用一把很长的薄刀将饭糕划成四长条，每条比香烟盒子略宽，转移到一块狭长的木板上。接下来，师傅要切片了。许多人认为粢饭糕是用刀切片的，

粢饭糕

错了，你看他从墙上拿下一张弓，这张弓很袖珍，用留青竹片弯成，弓弦是尼龙丝，用这样的弓切粢饭糕需要技巧，起码厚薄一样，否则顾客会挑大拣小。师傅切起糕来，张弓仿佛在手中跳舞，上下自如。如果用刀切，粢饭糕就会粘在刀面上。切好后的粢饭糕看上去还是并在一起的，但第二天用时一分即开。

如今，粢饭糕少见了，弓切粢饭糕的技巧也消失了，偶尔会在一些本帮菜馆与粢饭糕邂逅，店家会将它切成小长条装盘上桌，加几丝火腿，或者撒些海苔，粢饭糕的身价似乎顿时上去了，价钱当然也不可同日而语了。

麻球，上海著名的大众化传统点心。外形滚圆饱满，色泽鲜嫩金黄，外皮香脆，内芯甜糯，滚上芝麻，十分美味。

麻球的主料是水磨糯米粉，加上白糖拌匀，静置发酵后制成生坯。摘一小团稍加揉捏后，搓圆，用大拇指一按，把豆沙包进去，捏拢收口，再搓圆，滚上芝麻就可入锅。把麻球放油里氽，几分钟后，麻球浮出油面，用漏勺沿锅边逐只按压，瞬间麻球变大了、体积倍增，非常神奇。麻球在滚油里上下起伏，油气弥漫，香飘四方。用大漏勺把麻球撩到不锈钢盘子里，一个个圆滚滚的金黄色的芝麻小球十分可爱。麻球一定要乘热吃，轻咬皮，薄脆酥香；后吃里，内绵柔韧；再吃芯，甜香可口。冷麻球呢，外形不好，瘪掉；口感也不佳，发硬。

一只不怎么圆的小糯米团子，最后怎么会变成滚圆滚圆的大麻球？答案或许就在那一按一压中，按压时用力要均匀，否则造成一边过薄，炸制过老，无法鼓起。按压的时候也要掌握节奏，不要一下子用力太大，那样会把麻球压“死”，涨不起来，也可能把麻球压破，就会漏气，那就炸不好了。另一个关键是油温，下锅时的油温在120℃左右，否则表皮会迅速黏牢，麻球也就无法圆滚滚了。

麻球看似虽小，学问却大得很呢！

麻 球

锅贴，深受上海人喜爱的传统点心。各地形状不同，一般是饺子形的，大多以猪肉为馅心，制作精巧，味道鲜美。

关于锅贴的由来，网上流传着不同的说法。一种是：传说北宋建隆三年春正月庚申初一，因皇太后丧事刚完，宋太祖不受百官朝贺新春，不思茶饭。午后独自在院中散步，忽然一股香气飘来，顿感心旷神怡，便寻着香气走到了御膳房，但见御厨正将没煮完的剩饺子放在铁锅内煎着吃，看到太祖进来大气不敢出。这时太祖几天也没好生进食，此时香味勾起了食欲，就让御厨铲几个尝尝，这一尝不要紧，直觉得焦脆软香，煞是好吃，一连吃了四五个。后问这叫什么名字，御厨一时答不上来，太祖看了看用铁锅煎的饺子就随口说，那就叫锅贴吧。正月庚午十一太祖到迎春苑宴会射箭，宴请大臣时让御厨做了这道锅贴赏给大家享用，御厨们从口味到外形加以改进，众臣食后倍加赞赏。后来这道锅贴从宫中传到了民间，又经过历代厨师们的不断研究和改进，最终成为今天的锅贴。另一种说法：有位广东师傅在偶然的机会下，到中国山东青岛吃了煎饺，觉得很好吃，带回家乡改良，才演变成今天的锅贴。

有很多人认为煎饺和锅贴是一样的，有些地方甚至把锅贴就叫做煎饺，其实两者的制作方法是有本质区别的。煎饺需要先煎后煮，或者先煮后煎，总之都少不了煮这道工序。而锅贴只能煎，千万不能加水煮，期间需要不断转动锅子和揭开锅盖淋水，这是煎饺与锅贴最大的区别。再来说说锅贴和生煎的不同之处，芮新林在书中戏称锅贴和生煎犹如兄弟，此比喻的确恰当，两者的材料和工艺差不多，都是面皮加肉馅，油里煎一煎，生煎和锅贴，本是同根生。但兄弟之间也有不同之处，锅贴是死面皮包饺子，生煎是发酵面皮包包子。那一点点酵母，令生煎与锅贴又变得如此不同。

早年上海的街头，到处都是锅贴摊和生煎摊。锅贴都是现包现

锅　贴

煎，一张八仙桌，几个阿姨围着做锅贴。擀皮、包制、下锅，每个环节都在食客的眼皮子底下。上海锅贴的捏法，造型好看，个个挺立。在平锅内抹一层油，将锅贴整整齐齐地摆好，一个挨一个，煎时均匀地洒上一些水，洒在锅贴缝隙处，使之渗入平锅底部为好。盖上锅盖，煎烙二三分钟后，再洒一次水。再煎烙两三分钟，再洒水一次。此时可淋油少许。约 5 分钟后即可食用。用铁铲取出时，以五六个连在一起，底部呈金黄色，周边及上部稍软，热气腾腾为最佳。刚出锅的上品锅贴，底部焦脆，面皮韧软，紧实成团的肉馅，咸甜浓郁的汤汁，深得上海人的欢心。

油墩子

用料

皮料：面粉100克。

馅料：白萝卜一个。

辅料：虾皮20克、鸡蛋一个、盐、味精、白胡椒粉适量、葱30克。

制法

1. 白萝卜去皮，用擦丝器擦成丝，放二小勺盐，抓均匀，腌渍去水；虾皮用水洗净，葱花切碎。
2. 锅里放油，把虾皮放入爆香，再放入葱花翻炒，调制成葱油。在初加工后的萝卜丝中放入放盐、味精和白胡椒粉，拌匀。最后把调制好的葱油放入调味的萝卜丝中，再次拌匀待用。
3. 将鸡蛋、面粉和水搅拌，拌至厚糊状，然后放入拌匀的萝卜丝搅拌均匀。
4. 锅中放油（油量要大），把模具入油锅中略微加热。加热后的模具取出（模具里面留一点底油），把调制好的面糊放入模具，放入油锅中炸，炸至表面金黄色倒出即可。

春卷

用 料

皮料：春卷皮 10 张。

馅料：白菜 300 克、香菇 50 克、猪肉 100 克。

辅料：盐适量，味精、料酒、胡椒粉、玉米油适量，葱、姜各 25 克，鸡蛋清半个。

制 法

1. 白菜用清水浸泡后洗净切丝；猪肉和香菇切丝。肉丝中放入盐、味精、料酒、胡椒粉、葱姜汁和蛋清拌匀，最后加入玉米粉再次拌匀待用。
2. 炒锅加热后滑油，倒入玉米油加热到五六成熟，放入肉丝滑散，而后倒入白菜和香菇，用盐、味精、料酒调味后翻炒，待白菜翻炒至七八成熟后用水淀粉勾糊芡。出锅凉凉后待用。
3. 春卷皮解冻。将馅料放入一端中间。两侧向中间折后再卷起来。锅内倒入油，加热到七八成熟，放入春卷。
4. 将春卷炸到金黄色捞出，控干油即可。

锅贴

用 料

皮料：面粉 500 克。

馅料：肉皮冻 150 克、猪肉末 200 克。

辅料：盐 4 克、蚝油 1 勺、酱油 1 勺、胡椒粉 1 克、葱姜末 10 克、酱油 1 勺、料酒 1 勺、温水适量。

制 法

1. 猪肉末中加入葱姜末、食盐、料酒、蚝油、酱油、胡椒粉搅拌均匀，而后放入切细的肉皮冻拌匀待用。
2. 面粉和成面团，待醒发后分成大小等份的小剂子，擀皮（大小厚薄同饺子皮状）。
3. 取一张饺子皮放入适量馅料，中间捏紧两边封口。
4. 锅中放少许底油，码入包好的锅贴，略煎至锅贴定型，而后淋入少量水，加盖用中小火烹煎，至锅贴底部金黄色变脆即可。

麻球

用 料

皮料：糯米粉 100 克 。

馅料：豆沙 100 克。

辅料：白芝麻适量、植物油 500 毫升。

制 法

1. 准备好所需食材，取三分之一的糯米粉用开水和匀，然后再加入到其余的糯米粉中，加适量的清水和成软硬适中的粉团，分成大小等份的小剂子。
2. 捏成圆饼，放入豆沙馅料，收口，搓圆，沾上白芝麻。
3. 小锅放油，把麻团放入锅内，开小火。油温慢慢升高，继续小火慢炸。炸至麻球浮起来，呈现出金黄色即成。

用 料

主料：大米 500 克、籼米 100 克。

辅料：盐、味精适量，菜油 500 克，葱花 30 克。

制 法

1. 将大米与籼米洗净，涨醒 20 分钟，放入锅中加水煮成白米饭。
2. 在煮好的米饭中放入盐、味精和葱花，搅拌均匀，并用铲子搅拌至起韧头。
3. 取一张油纸，平铺于桌上，木框放于油纸上（定制），倒入调味并搅拌均匀的饭，压紧实，表面抹平。两小时后拆除木框，将米饭（糕）切成烟盒大小的块状。
4. 锅中放入菜籽油，将油烧热，再让油温降至 6 成热时放入米饭（糕）炸至金黄色，捞出控干油即可。

海派点心及其制作工艺

19 世纪 40 年代，开埠之后的上海，在政治、经济、社会、文化等方面都发生了巨大的变化。西方列强建立租界，外地移民大量涌入，上海成为五方杂处、移民众多的都市。在十里洋场的繁华环境中，传统文化与西方文化交融、外地文化与本地文化交汇，逐渐形成具有鲜明特色的“海派”生活。

随着西方饮食习俗的渗入，国外的一些饮食习惯、饮食品种和饮食爱好也逐渐传入上海。在上海的外国人保持在本国一日四餐和食用西餐的习惯，在租界游乐中心开设西式酒店饭馆。清咸丰三年（1853 年），上海首家西餐馆老德记西餐馆开业。宣统二年（1910 年），上海首家面向社会的餐馆德大西餐馆开张，以德大牛排闻名。20 世纪 20 年代，汇中、大华等饭店、西餐厅、酒吧也向社会开放，西餐在上海的影响逐渐扩大。西菜馆根据上海人口味，改进烹调，上海人入西菜馆逐渐习惯，喝咖啡、吃西餐在 20 世纪 30 年代成为一种时尚。

西式糕点与西菜同时进入上海，开始由西菜馆、咖啡馆、食品店兼营，后由西点店自产自销。清咸丰三年，英商老德记药店在上海最早经营西式糕点。咸丰八年，中国第一家开业的西式食品厂埃凡馒头店，产销面包、糖果、汽水、啤酒。民国后，西式糖果糕点业迅速发展，上海西式食品业在全国居首位。最初西式糕点消费者多为洋人，后按照中国人口味改变配方和制造方法，渐渐为上海市民接受，形成独特的海派西点。

19 世纪 40 年代，上海开埠之后，随着西方饮食习俗的渗入，
国外的一些饮食习惯、饮食品种和饮食爱好也逐渐传入，
西式糕点与西菜同时进入上海。

1853 年　清咸丰三年，上海首家西餐馆老德记西餐馆开业。
1910 年　宣统二年，上海首家面向社会的餐馆德大西餐馆开张。

1858 年　清咸丰八年，中国第一家西式食品厂埃凡馒头店开业。
1928 年　凯司令创立。
1930 年　哈尔滨食品厂创立。
1937 年　老大昌创立。

冰糕是20世纪50年代海派点心的代表之一。对于老上海人来说，它不仅是一种诱人的美食，更是一份甜蜜的记忆。冰糕用奶香四溢的掼奶油加上核桃仁制作而成，表面看上去略硬，入口却绵柔、丝滑、奶香浓郁、甜而不腻，再加上与果仁的惊艳邂逅，独特的味觉感受让人欲罢不能。那时候，家长带着孩子在淮海路吃一份冰糕是十分奢侈的事情，冰糕的“奢侈”主要在于那个年代奶油的稀贵。上海老冰糕使用的奶油是散装动物奶，也是老上海人叫做“掼奶油”的原料，掼奶油技术是外国人带来的，价格昂贵。当时，冰糕是许多西餐厅必备的甜点，可如今已经不多见了，当下的魔都，保留正宗老上海口味冰糕的只有四个地方：老大昌、红房子、东海西餐馆和金辰大酒店。现在吃一份冰糕已然没有了那个时代的“奢侈”感，也没有了那个年代备受推崇的火爆场景，但这独特的上海工艺，这浓郁的上海情怀，已为老上海人深深铭记。

一份冰糕的诞生，关键在于师傅的制作手艺。淡奶的打发、焦糖的炒制、糖份的用量，每一步手法都决定了冰糕最后呈现的口感与味道。2016年《文汇报》上曾发表过一篇文章《老上海的记忆——冰糕》，记录了金辰大酒店的张国民师傅制作冰糕的过程。张师傅师从海派点心大师费师傅，如今做冰糕已有20多年。费师傅是当初在上海学习冰糕制作的第一批人，跟随法国西点大厨学习最原始的意大利冰糕制作，将冰糕的制作工艺传承到现在。看似简单的工艺，每一个动作都是几十年经验的深厚功底累积。

挑选果仁是制作冰糕的重要环节，品相不佳的，味道怪异的，都逃不过师傅们的火眼金睛，从源自西方国家的巴旦木到符合中国口味的核桃仁，质优的坚果才会被选用。烧制焦糖是最辛苦的一道工序。将放了糖和水的锅子放在炉灶的大火上加热，靠手腕的力量以漩涡状旋转糖浆，让其均匀受热，锅内的糖和水相互交融，沸腾、

冰　糕

融化、蒸发、结晶。待焦糖达到理想颜色之前，将锅子从炉灶上移开，让余热完成最后的步骤。精心烧制好的焦糖还需要手工研磨，用西餐刀的刀刃把结晶的焦糖磨成粉末状，既费时又费力，即便如此，冰糕师傅们还是坚持用最传统的手工制作方法，一层又一层的粉状焦糖混合着同样磨好的坚果，拌之以打发的淡奶，装盒，冷冻，一份高品质的冰糕便成了。“磨好的焦糖，师父用手指一摸就知道是否符合标准，不行，重新再来一遍，再不行就继续磨。”张国民师傅笑着回忆当学徒时的经历。偷懒是一定会被教训的，用玻璃瓶擀、用锤子砸、一半精做、一半细做，这些都是张国民曾经尝试过的小把戏，但无一不被师傅发现并被骂得狗血喷头。最后还是要靠师父传授的传统工艺，用心去做才能做出高品质的冰糕。全手工的工艺，一天不到 10 斤的生产量是他对冰糕的追求与信仰。正因为有这样的信仰，经典才会代代传承。

说起冰糕，或许你还会想起上海的老字号——老大昌。在老上海，最早制作冰糕的是老大昌，大厨们跟着法国师傅学会了意大利冰糕的制作方法，随着第一批中国学徒的逐渐扩散，红房子、东海西餐馆、金辰大酒店（前身富丽华大酒店）等也相继推出了冰糕。老大昌开设于1937年，当时，两个俄国人开设两家老大昌，后来卖给了中国老板。1993年，老大昌迁到淮海中路558号（成都南路），和外资企业开办了合资公司，开设了十几家连锁店。据老上海人回忆，老大昌生意十分红火，掼奶油、冰糕等招牌产品个个热卖，毛脚女婿拎着老大昌的奶油蛋糕上门很“扎台型”的（上海方言，争面子的意思）。张爱玲也曾在《谈吃与画饼充饥》里描绘过“老大昌”：“离我学校不远，兆丰公园对过有一家俄国面包店老大昌（Tchakalian），各色小面包中有一种特别小些，半球型，上面略有点酥皮，下面底上嵌着一只半寸宽的十字托子，这十字大概面和得较硬，里面搀了点乳酪，微咸，与不大甜的面包同吃，微妙可口。在美国听见‘热十字小面包’（hotcrossbun）这名词，还以为也许就是这种十字面包。后来见到了，原来就是粗糙的小圆面包上用白糖划了个细小的十字，即使初出炉也不是香饽饽。老大昌还有一种肉馅煎饼叫匹若叽（pierogie），老金黄色，疲软作布袋形……”

后来，红极一时的老大昌由于管理经营等问题逐渐没落了，在那段几乎销声匿迹的特殊时期，老大昌依然坚持手工制作的传统工艺，延续传承几十年的西点配方，苦苦支撑着这个曾红遍上海滩的老字号。直到2014年，告别淮海路12年的老大昌重振旗鼓，终于又回来了，那些承载老上海、老卢湾记忆的海派点心再次闪亮登场，都还是当年记忆中的味道。

二十世纪七八十年代，上海有一款甜蜜糕点——西番尼，受到广大青年男女的追捧和青睐。因为在上海话中谐音“喜欢你”，它被年轻人用来含蓄地表达爱意。据说，当时想表白又不敢的，只要带着心仪的对象到淮海路上的哈尔滨食品厂买上个几块西番尼，对方就能明白你的心意了。关于这款西点的由来，一直众说纷纭，一种认为西番尼是英式下午茶的点心，起源于英国；另一种则说西番尼的叫法来自荷兰，是荷兰人先传入印尼，再从印尼传入上海；还有一种是相传维多利亚女王因丈夫去世而一度沉浸在痛苦中，进而过着隐居的生活，一年多后为了迎接女王恢复办公，其夫的前秘书特别在举办的茶会上精心准备了这个蛋糕，因而得名。西番尼究竟出自何时何地，至今仍无从考证。

很多年来，上海人对这款西点发自内心地喜爱，但更多人偏爱的还是哈尔滨食品厂的西番尼。哈尔滨食品厂制作的西番尼，选料

西番尼

讲究，用料扎实，手工精致，它由多层薄片蛋糕加果酱和巧克力酱涂抹而成，待最上层巧克力酱成型之后，切成精致的条块状即可，巧克力色和浅淡黄色层层相间，深浅有致，层次分明，吃到嘴里别具一番风味。手工制作独有的细腻口感，是机器加工所无法比拟的。

上海人吃西点极为讲究，特别是那些年代悠久的老上海味道的西点屋，到现在依然是门庭若市，上海哈尔滨食品厂就是其中的代表之一。2017 年《新民晚报》曾刊登过方翔的一篇文章《留住城市记忆 • 哈尔滨食品让几代人笑哈哈》，文中详细介绍了上海哈尔滨食品厂的发展历程。

哈尔滨食品厂创立于 1936 年，原名“福利面包厂”，创办人杨冠林年轻时曾在哈尔滨以做面包为生，来上海后，运用掌握的精湛技艺，生产各种俄式面包、蛋糕、点心、饼干，后来更名为“哈尔滨食品厂”。据老上海人回忆，当时哈尔滨食品厂的经营方式是前门店后工厂，现做现卖，生产时香溢四方，吸引众多食客前来购买。制作的罗宋面包和其他各式大小面包很有名气，各式干点和糖果也深受顾客喜爱。1972 年，《中美联合公报》在上海发表时，相关部门为了招待尼克松总统等各方贵宾，向哈尔滨食品厂订购了一批花生酥心、奶油夹心巧克力等上海特色食品。哈尔滨食品厂的巧克力胡桃夹心、巧克力菠萝夹心、可可花生香酥等也被用来招待外宾，赢得外国友人的一致好评，尼克松总统对各种精美甜点更是赞美有加。

熟悉上海哈尔滨食品厂的人们，一提起“哈尔滨”，就会联想到“登山蛋糕”。那是 1974 年，我国登山运动员攀登喜马拉雅山珠穆朗玛峰，在出发之前，国家体委派员来到技术力量雄厚的哈尔滨食品厂，要求生产一种在攀登海拔 7 000 米以上高峰时可以不喝水、不口干、份量轻、负担少、营养好、便携带、口味美、增食欲的营养食品，供登山队员食用。哈尔滨食品厂接受任务后，依靠多年积累的技术经验，组织技师们反复试制，终于制成了一种高蛋白、果汁浓、营养丰富、香甜可口的高级水果蛋糕。当年5月底，这种水果蛋糕跟随登山队员登上海拔8 000米以上的山峰。据女登山队员潘多介绍，当时带到营地的有全国各地的大量食品，其中绝大多数食品在带到7 000米高度时，已逐渐干缩硬化，无法食用，唯有“哈尔滨”的高级水果蛋糕，带到8 000米以上时还可食用，为我国登山队员登上“珠峰”提供了物质保障。对此，国家体委来电上海，称“哈尔滨”的高级水果蛋糕是登山食品中的佼佼者，“登山蛋糕”一举成名。

1993年，上海哈尔滨食品厂被国家贸易部认定为“中华老字号”企业，2014年被评为首批“上海老字号”企业。这几年，上海哈尔滨食品厂也几度“易主”，从合资到国有，新老员工、设备不断更替，在不断调整的这几年，海燕食品厂、高桥食品厂被合并到上海哈尔滨食品厂。现在的上海哈尔滨食品厂有百余种中西式糕点，为突出品牌的聚合力和代表性，从2015年起，采用了品类管理的方法对产品进行管理，集中精力将主导产品做精做强，形成“六大明星产品”：排系列、蝴蝶酥、西番尼、杏仁糕、杏桃酥、登山蛋糕。作为一家中华老字号，哈尔滨食品厂有自己的底蕴和传统，但是面对瞬息万变的市场环境，既要坚持传统的制作工艺，又要将“创新”深植于企业发展，勇于创新的哈尔滨食品厂正稳步走在发展的道路上。

老字号

上海哈尔滨食品厂
1993年被国家贸易部认定为
『中华老字号』企业。
2014年被评为首批
『上海老字号』企业。

“一块蝴蝶酥、一杯浓咖啡，在国际饭店喝个下午茶”，对于老克勒（指老上海有层次、会享受的上流绅士）而言，这是一种高档奢侈的享受，更是一种磨灭不去的记忆。

上海国际饭店（Park Hotel）是上海年代最久的饭店之一，有20世纪30年代“远东第一高楼”之称。是当年纸醉金迷的上海地标，也是那个年代名士名媛们经常光临的社交场所。这里的甜点下午茶，从那个年代传承而来，见证了一个世纪的风流。而今浮华褪去，经典的西点口味却一直没变。侧门的帆声饼屋，依旧每天排着长长的队伍，为的就是那一口黄油香。上海老饕们对国际饭店的蝴蝶酥青睐有加，吃在嘴里，心头便会涌上一股强烈的满足感，国际饭店的蝴蝶酥对于上海人来说是一款永恒的美味。

蝴蝶酥起源于欧洲，但具体来自于哪个国家，至今尚无定论。蝴蝶酥的法语是Palmier，意思为棕榈叶，中国人称之为“蝴蝶酥”，更富有诗情画意。一般的蝴蝶酥外形是平平的、瘪瘪的，而国际饭店的蝴蝶酥两片“翅膀”是蓬起来的，造型宛如振翅欲飞的蝴蝶，吃到嘴里，酥脆松软，奶香浓郁。至于制作蝴蝶酥的奥妙，记者张钰芸的一篇文章《片片蝴蝶酥 飞入百姓家》中有这样一段描述：当踏入西饼屋二楼的饼屋制作工厂后，终于揭晓了答案，制作蝴蝶酥的师傅们将面团压平，铺上一层黄油块，再撒上一把白糖，紧接着将面团对折，再次加入黄油与白糖，这样的动作至少需要重复多次，一层面一层油均匀地叠在一起，出炉之后才会有蝴蝶般美丽展翅飞舞的感觉。除了酥皮的制作方法之外，另外一个秘诀在于黄油，国际饭店的蝴蝶酥用的是新西兰的黄油。据说为了黄油的选择，多次开会，反复比较。20世纪七八十年代还曾经更换过几次，也尝试过澳大利亚黄油，最后还是选择了新西兰的黄油，这种黄油香味自然，口感最佳。在烘烤蝴蝶酥的过程中，黄油的香气就早已充盈着整个

蝴蝶酥

一块蝴蝶酥，
一杯浓咖啡，
在国际饭店喝个下午茶。

房间，令人垂涎三尺。

国际饭店蝴蝶酥被上海市烹饪协会评为“上海金牌小吃”，又获得了“上海最受欢迎旅游纪念品”的荣誉称号。小小蝴蝶酥还从国际饭店“飞”到了高铁上，成为京沪高铁头等座的指定配送点心，并重新设计了包装，成为代表上海的特色旅游伴手礼。除了最受欢迎的蝴蝶酥，国际饭店的五大点心也获得上海非物质文化遗产的殊荣。这五款点心分别是小油饼、四喜蒸饺、银丝卷、火腿盘丝饼和糁，其中糁特别有来头，是乾隆皇帝下江南时在山东临沂境内普通百姓家尝到的美食，传承至今已成为一道制作工艺精细复杂的特色点心。经典的传承，老上海的风情，国际饭店在上海人的心中，风韵犹存、地位依旧。

在老上海人的记忆里，都有一块凯司令蛋糕，外观油润，裱花精致，松软细腻，清甜可口。大凡吃过的人，总会记得第一次与它邂逅的感觉，并且在悠悠的岁月里一直执着于这种甜蜜的味道。

凯司令创立于1928年，最早是一家西餐馆，创始人是两位中国商人：林庚民和邓宝山。成立四年之后，为了能在被洋人垄断的西点业界立足，凯司令从德国人的飞达西餐馆请来了西点大师凌庆祥父子，自此确立了生产经营德式蛋糕的方向。至于凯司令名称的由来，一直流传着两种说法。其一，相传当时有一位下野军阀鼎力相助发起者租下了门面，取该店名有感谢司令相助之意；其二，是当时正值北伐军胜利凯旋，国人爱国热情空前高涨，取名凯司令有纪念此事之意。其中也包含了希望在商场上为“常胜将军”，表达了欲与洋人一比高低，角逐、争雄西餐业的信心与勇气。

从中国人在上海开的第一家西餐馆起步，近一个世纪过去，凯司令仍然是上海人心心念念的那个味道。德大、老大昌、海燕、哈尔滨，

奶油小方

都曾是上海名噪一时的西点店，但至今兴盛的并不多。这种成功并不是没有理由的——面粉、奶油、栗子、裱花，每一处细节都充满上海的气质，终于把西点技艺做成了代表上海的非物质文化遗产。

2012 年 9 月 2 日的《文汇报》头版曾刊登过资深记者邵岭的一篇文章《舌尖上的上海之凯司令蛋糕》，文中详细描述了她采访凯司令蛋糕制作技艺传承人杨雷雷和陈凤平的过程。我们也从中了解了这个老字号近百年的坚守。凯司令最出名的是白脱蛋糕，白脱是英文 butter 的音译，就是奶油。准确说来，白脱是乳脂含量在八成以上的纯天然奶油。人造奶油吃到嘴里有点嚼蜡的感觉，而纯天然奶油入口即化。杨雷雷告诉记者，不同产地的纯天然奶油也各有特点：美国奶油颜色偏白，香醇度适中；澳大利亚奶油膻味相对重些；

新西兰奶油奶香醇正，最合上海人口味……所以从1928年创立至今，凯司令的白脱蛋糕用的都是从新西兰进口的纯天然奶油，连供应商都没换过。

同样不变的还有裱花技艺。凯司令的蛋糕上少有插片和水果，就靠裱花做足功夫。当年凌庆祥的次子凌一鸣首创了富有民族特色的立体裱字技艺，“松鹤延年”图流行了半个多世纪。后来，在为棋王谢侠逊百岁寿辰特制的蛋糕上，凌一鸣的嫡传弟子边兴华裱上了老棋王封棋时下的那盘棋，传为佳话。裱花全靠手上功夫，没有一两年锤炼不能上手；还要有审美细胞，懂得谋篇布局，比如一个圆蛋糕，哪里写字、哪里画图，或者七只松鹤在蛋糕上怎么分布，都有讲究。据说如今很多五星级酒店的蛋糕师傅都不会裱花了，而凯司令仍然坚守着传统：陈凤平曾经应客人要求在给孩子的生日蛋糕上裱奥特曼，现场操作，裱了一个多小时；而杨雷雷的看家本领是雕花：白毛糖雕一朵玫瑰花，或者用杏仁膏捏一朵康乃馨，装点在蛋糕上，花瓣娇弱得好像在微微颤动。

在凯司令，和白脱蛋糕齐名的是栗子蛋糕——不是市面上随处可见的只在尖尖上放一小撮栗子泥的那种，而是实实在在的全栗子蛋糕。和白脱蛋糕不同，栗子蛋糕并非从德国师傅那里学来，而是20世纪50年代凌家父子的首创：把刚上市的栗子炒熟，去壳剥肉，加糖研磨成泥，代替面粉做成糕坯，再戴上一顶鲜奶或白脱做的“小帽子”，有绵细温润的口感，融合了栗子香与奶油香。记者提起眼下以栗子蛋糕出名的一些西点店，杨雷雷很自豪地说：“那都是跟我们学的！”

凯司令是精致的。它总能从细节里找到变通的办法，在保留传统技艺的同时让自己变得更好——这是上海的气质，也因此，它和上海人气味相投。

老大昌的冰糕、凯司令的蛋糕、国际饭店的蝴蝶酥、哈尔滨食品厂的西番尼，如果再往下罗列，还能列出更多的海派点心，比如哈斗、牛力、拿破仑、别司忌和杏仁排等，它们体现了上海这座城市的包容性和适应性，不管是西餐元素还是西式点心元素，都在烹饪及制作的新技术、新理念的引领下，不断地推动餐饮点心业的飞速发展，这就是上海这个大都市的气度和胸怀。

栗子蛋糕

冰糕

用 料

主料：红豆200克。

辅料：奶粉20克、糯米粉50克、白糖200克、炼乳30克、淡奶油250克。

制 法

1. 将浸泡好的红豆加入适量水煮熟，用适量的凉水稀释糯米粉。
2. 将稀释的糯米粉、白糖、奶粉、加入到煮好的红豆中搅拌均匀煮开。
3. 加入淡奶油、炼乳搅匀晾凉备用。
4. 倒入冰糕模具中放冰箱冷冻过夜即可。

哈斗

用料

主料：低粉 60 克。

辅料：黄油 45 克、水 90 克、盐少许、糖少许、鸡蛋两个。

制法

1. 黄油加水、糖、盐煮至沸腾，熄火，立即筛入低粉，拌匀。中小火加热将面糊拌至光滑，锅底有一层膜后离火。分次加入鸡蛋，拌匀。
2. 将面糊拌至较有光泽，舀起大量面糊，落下的面糊呈倒三角形。
3. 趁面糊温热时装入裱花袋，在烤盘上挤出 2-3 厘米宽的长条形，加热后会膨胀。用沾过冷水的叉子在表面划出印痕。180 度，中层，上下火，烤 25 分钟左右。烤至表面金黄色，之后在烤箱里焖五分钟再取出，在表面涂上巧克力酱，在另一半挤入打发后的奶油，盖上涂有巧克力酱的另一半。

杏仁排

用 料

皮料：面粉 200 克。

馅料：夹心猪肉 50 克、葱姜各 10 克。

辅料：清鸡汤 300 克、虾皮 5 克、鸡蛋 1 只、紫菜 5 克、猪油 5 克、料酒 10 克、盐 10 克、味精 5 克。

制 法

1. 黄油（125g）室温软化，搅打成粘稠的乳霜状，加入糖粉（75g），均匀混合。分次倒入蛋黄液，打匀加入过筛的低粉，切拌按压成团保鲜膜包好，压成四角形，放入冰箱冷藏至少 1 小时。
2. 取出面团，用擀面杖敲打调整好软硬度后，擀成 25cm 的正方形面皮。面皮上放上模子，用刀沿着模型底边切割，大小可放入模子。面皮放入模子，用叉子在底部戳洞，放冰箱冷藏。

3. 烤箱预热至 180℃，烘烤 20 分钟，取出冷却制作上层部分。鲜奶油倒入锅中加热，加入细砂糖和麦芽糖、蜂蜜、黄油(50g)，边加热边用打蛋器搅拌混合使其融化。煮到 115℃后关火，然后加入杏仁片后混合均匀，把热杏仁焦糖倒在冷却的酥饼上，铺出均匀的厚度，180℃，烘烤 25 分钟，烤到表面变深褐色。
4. 趁焦糖还没变硬的时候，把模子倒置，取出酥饼并撕掉烘焙纸。将饼底朝上，切掉边边，然后切块。

拿破仑

用 料

主料：普通面粉 256 克。

辅料：黄油（入粉）50 克、裹入黄油 120 克、盐 5 克、水 110 克、牛奶 150 克、细砂糖 30 克、蛋黄 2 个半、玉米淀粉 6 克、香草精 3 滴。

制 法

1. 将放入面粉的 50g 黄油，置微波炉 1 分钟。盐，水备好。面粉中加入黄油，加水，最后加盐。用勺子搅拌，至大致成团的形状。然后再用手捏成团，包保鲜膜入冰箱冷藏 10 分钟松弛。
2. 将要裹入的黄油用油纸包裹，用擀面杖敲打，擀成长方形的形状，然后入冰箱再冷藏一会儿，直至按压有浅浅的凹痕即可，不可过硬，否则后面擀压的时候会脆裂。取出松弛好的面团，擀成裹入黄油 2 倍大左右，可以稍微用手抻一下，让面皮更加容易成型。
3. 擀好面皮，取出黄油，放置在面皮 2/3 处。先将较宽的一面包起，再将较窄的一面包起，成长条状。在两面撒少许手粉，防粘；沿着长的方向均匀的擀长。然后，两端向中间对折，再对折，保鲜膜包起入冰箱冷藏 15 分钟。取出面皮反方向纵向再将面皮擀长，力道一定要均匀；然后是三折：将 1/3 面皮拉起向内折，另一边剩下的 1/3 再向内折，保鲜膜包起入冰箱冷藏 15 分钟。再取出面皮，反方向擀成长条状，这次是按照上述那样四折的叠法，保鲜膜包起，最后一次入冰箱冷藏 15 分钟。

4. 取出面皮，撒上手粉，擀成 3mm 左右的厚度，切割成自己所需的形状，用叉子在面皮上扎孔，以防酥皮起泡变形。烤箱 200 度，中层，上下火，15 分钟左右，只要看到酥皮不再起泡，上色均匀即可。
5. 吉士酱：将 40g 牛奶，加入面粉、玉米淀粉，拌成面粉水备用；蛋黄敲出备用。将剩余的 110g 牛奶入锅，加入细砂糖，小火，加热至 80。加入蛋黄，不停搅拌，直至均匀，煮至微开即可。倒入之前调好的面粉水，不停搅拌，锅中的液体会变得越来越黏稠。当锅内加工品开始变得黏稠，加入香草精，再继续不停地搅拌。提起有细腻的浓稠状即可关火，出锅，冷却待用。
6. 将吉士酱装入裱花袋，均匀地挤在酥皮上，再盖上另一层酥皮，以此类推，叠好三层撒上糖粉即可。

蝴蝶酥

用 料

主料：中筋面粉 200 克。

辅料：蛋液 10 克、水 108 克、黄油 10 克、砂糖 50 克、裹入黄油 160 克。

制 法

1. 将蛋液、水、黄油和砂糖混合放入面粉中揉成光滑的面团，盖保鲜膜室温松弛 15 ~ 20 分钟。面团松弛期间，将软化好的裹入黄油擀成 18*15cm 的薄片，将松弛好的面团擀成 20*32cm 的长方形面片，黄油放在面片中间，将面片上下两端往中间折起，两侧和中间接缝封紧。
2. 折好的面片由中间往上下擀到 20cm 宽，将面片旋转 90 度，再由中间往上下擀到 48 ~ 50cm。三折。重复上述步骤。室温下盖保鲜膜松弛 20 分钟。松弛后，重复步骤。共需完成四次三折。
3. 松弛后进行最后擀开，将面片擀成 20*57 的长条面片。将砂糖均匀地撒在面片上，再用擀面杖轻擀两下，让砂糖嵌在面片上。翻面，裁边，最终尺寸为 18*56cm。长边做六等份记号，从两边往中间折，再折，最后再对折，中间用擀面杖轻压一下定型。包保鲜膜冷冻 30 分钟。
4. 切成 1cm 的条状，放入烤盘。烤箱预热 190 度，中层烘烤 25 ~ 30 分钟。期间边缘上色后（大约 15 ~ 20 分钟左右），取出翻面。放入烤箱继续烘烤 5 ~ 10 分钟，直到两面金黄后取出放烤架上晾凉。

西番尼

用 料

主料：低粉 125 克。

辅料：糖粉 100 克、黄油 125 克、全蛋液 125 克、花生酱适量、黑巧克力 100 克、牛奶 50 克。

制 法

1. 黄油室温软化，加入糖粉拌匀，不用打发。一点一点加入蛋液拌匀，注意不要水油分离。筛入低粉拌匀。面糊摊在烤盘上，用刮板刮平，厚度约 3mm。
2. 烤箱预热 190 度，入炉烤制 15 分钟。烤好的蛋糕片切成 4 个相同大小的长方形。三片涂上花生酱叠起来，放上第四片蛋糕片。
3. 黑巧克力切碎，牛奶煮沸离火，加入一半分量的黑巧克力，搅拌至融化，再加入剩下一半的黑巧克力搅拌直至顺滑，巧克力淋面完成。
4. 巧克力酱淋面，剩下少许巧克力酱装入裱花袋，等表面凝结后画上线条，修边，切块。

栗子蛋糕

用 料

主料：低筋面粉 100 克。

辅料：鸡蛋 5 个、细砂糖 100 克、沙拉油 65 毫升、牛奶 65 毫升、香草精 2 滴、即食栗子 250 克、黄油 25 克、鲜奶油 130 克、细砂糖 30 克。

制 法

1. 把鸡蛋蛋黄与蛋白分开，把糖香草香精加到蛋黄里面，然后用电动打蛋器打到发白。蛋白打到发白，泡沫变得细腻。把牛奶，沙拉油，面粉分次放进蛋黄糊里搅拌，混合。把蛋白分次倒入蛋黄糊里面，直到完全混合。
2. 在烤模上先涂一层油，方便脱模，然后把混好的蛋糕糊放到烤模里预热，170 度，烤 30-40 分钟。
3. 把栗子泥的材料全放到搅拌机里打到顺滑，将放凉的蛋糕分层切成 2-3 层，然后铺上栗子泥，再放上即食栗子。

鲜奶小方

用 料

主料：低粉 50 克、淡奶油 240 克。

辅料：蛋黄 3 个、细砂糖 50 克、香草精 2 滴、盐 0.5 克、蛋清 3 个、柠檬汁 4 滴、糖粉 18 克、树莓 4 个、菠萝适量。

制 法

1. 蛋黄蛋清分开，蛋清的容器应注意是无水无油干净的，将蛋清放入冷冻室降温备用，菠萝切小粒备用。
2. 60g 淡奶油 +10g 朗姆酒或白兰地 +10g 细砂糖 + 香草精混合均匀，筛入 50g 低粉和 0.5g 盐，搅拌至均匀无颗粒状态后，加入 3 个蛋黄，搅拌均匀。
3. 烤箱预热 150℃。取出冷冻后的蛋清，加入 3~4 滴柠檬汁，将 40g 细砂糖分三次加入，电动打蛋器打至硬性发泡状态。取 1/3 蛋白糊，加入蛋黄面糊中轻柔快速地切拌均匀后，将混合好的糊加入剩余的蛋白糊中，继续轻柔快速地翻拌或切拌均。将混合好的面糊倒入模具中，轻摔几下模具震出大气泡后，放入预热好的烤箱，150℃，中下层，50 分钟。取出后轻摔两下震出热气，倒扣 3 小时以上脱模，将蛋糕上下切成两块。
4. 淡奶油 180g+18g 糖粉打发至可以裱花的程度，装入裱花袋，挤一层淡奶油在蛋糕片上，再放上菠萝粒，盖上第二次蛋糕片，再挤一层奶油，用刮刀刮平后整个放入冰箱冷藏 1.5 小时以上。取出蛋糕平均切成 4 小块，每块上用挤花嘴挤出一个奶油花，放上一颗树莓即可。

手工巧克力

用 料

主料：可可液块 250 克、可可脂 100 克。

辅料：卵磷脂 5 克、黑可可粉 10 克、糖粉 100 克、牛奶适量。

制 法

1. 在干净容器里放入全部的可可液块，可可脂，隔水加热，不停地搅拌，温度控制在 40-60 度之间，液块可可脂化开后加入黑可可粉。
2. 牛奶或淡奶油加糖粉用小火煮到糖化开，加热时要不断搅拌。
3. 把已化好的糖牛奶慢慢地加入已融化的可可液块与可可脂液中，边加边快速搅拌。加入卵磷脂，继续搅拌，料温在 33-35 度左右。
4. 将巧克力再隔水加热，温度控制在 40 度到 45 度左右，降温控制在 27 度到 29 度，再次加热至 30 到 32 度左右。
5. 装入喜欢的模具放冰箱冷藏至凝固。

白脱别士忌

用 料

主料：吐司 4 片。

辅料：黄油 15 克、糖霜 15 克。

制 法

1. 黄油软化。
2. 倒入糖霜搅拌均匀。
3. 将糖霜涂抹到吐司上。
4. 烤盘垫锡纸抹油面朝上摆放，160 度，12 分钟。

参考文献

罗　文：《中式面点制作》，天地出版社，2008 年。

邱庞同：《知味难 · 中国饮食之源》，青岛出版社，2015 年。

李　朋：《饮食文化典故》，天津古籍出版社，2013 年。

薛理勇：《点心札记》，上海文化出版社，2012 年。

周芬娜：《上海美食纪行》，吉林出版集团有限公司，2014 年。

沈嘉禄：《上海老味道》，上海文化出版社，2012 年。

芮新林：《小吃大味》，上海文化出版社，2015 年。

严菊明：《南翔小笼》，上海人民出版社，2009 年。

郑逸梅：《民国老味道》，北方文艺出版社，2018 年。

沈　军：《点心铺》，浙江科学技术出版社，2005 年。

尹继佐：《民俗上海 · 黄浦卷》，上海文化出版社，2007 年。

尹继佐：《民俗上海 · 崇明卷》，上海文化出版社，2007 年。

《上海通志》编纂委员会：《上海通志》，上海人民出版社，2005 年。

曼　姝：《千古食趣：说说吃的那些事儿》，中国华侨出版社，2015 年。

中央电视台纪录频道：《舌尖上的中国》，中国广播电视出版社，2014 年。

上海味道

巍巍交大　百年书香

www.jiaodapress.com.cn
bookinfo@sjtu.edu.cn

责任编辑　易文娟
整体设计　朱　懿

ISBN 978-7-313-20548-3

定价: 59.00元